高等职业院校教材

供高职高专护理、助产及相关专业使用

护理学导论

主　编　敖　春　罗仕蓉

副主编　焦娜娜　周香凤

编　者（按姓名汉语拼音排序）

敖　春（遵义医药高等专科学校）

陈　洁（遵义医药高等专科学校）

方家琴（遵义市第五人民医院）

冯子倩（遵义医药高等专科学校）

黄　莹（遵义医药高等专科学校）

江　湖（遵义市第一人民医院）

焦娜娜（遵义医药高等专科学校）

刘良燚（遵义医药高等专科学校）

刘　霖（安顺职业技术学院）

罗仕蓉（遵义医药高等专科学校）

庞建妮（遵义市第五人民医院）

沈　艳（遵义医药高等专科学校）

王旭春（遵义医药高等专科学校）

张素琴（大理护理职业学院）

周香凤（江西医学高等专科学校）

北京大学医学出版社

HULIXUE DAOLUN

图书在版编目（CIP）数据

护理学导论 / 敖春，罗仕蓉主编 . —北京：北京大学医学出版社，2022.1

ISBN 978-7-5659-2566-5

Ⅰ. ①护… Ⅱ. ①敖… ②罗… Ⅲ. ①护理学－高等职业教育－教材 Ⅳ. ① R47

中国版本图书馆 CIP 数据核字（2021）第 273380 号

护理学导论

主　　编： 敖　春　罗仕蓉

出版发行： 北京大学医学出版社

地　　址：（100191）北京市海淀区学院路 38 号　北京大学医学部院内

电　　话： 发行部 010-82802230；图书邮购 010-82802495

网　　址： http://www.pumpress.com.cn

E-mail： booksale@bjmu.edu.cn

印　　刷： 中煤（北京）印务有限公司

经　　销： 新华书店

责任编辑： 郭　颖　**责任校对：** 靳新强　**责任印制：** 李　啸

开　　本： 850 mm × 1168 mm　1/16　**印张：** 13.5　**字数：** 370 千字

版　　次： 2022 年 1 月第 1 版　2022 年 1 月第 1 次印刷

书　　号： ISBN 978-7-5659-2566-5

定　　价： 80.00 元

前　言

护理学导论是引导学生进入护理领域、明确护理学基础理论、了解专业核心价值观及其发展趋势的一门重要专业基础课，是护理专业的必修课程，也是护生学习的启蒙课程，同时是为培养学生的基本素质、独立解决专业问题及创造性思维能力奠定基础的课程。护理学导论的知识概念、基本理论、专业思维和工作方法等将对学生专业课程的学习提供必要的支撑。

本教材紧扣护士执业资格考试大纲要求，介绍了护理学的基本理论及学科框架。在内容选择及安排上，注重体现“以人为中心”的护理模式及护理学科多元化融合的特点，围绕人的健康及护理学概念的基本内涵，按照社会对护理的需求来组织内容。本教材在编写过程中力求内容及文字简明、详略得当，重点突出，安排合理。全书共十章，内容包括：绪论，护理学的基本概念，护士的素质与行为规范，健康与疾病，医疗卫生保健体系，护理相关理论与模式，护理程序，健康教育，评判性思维、临床护理决策与循证护理，护理与法律。本教材遵从“十四五”规化要求，以活页式形式呈现编写内容，可随时根据需要进行学习目标、案例导入，思维导图和自测内容的增减，以便学生对护理学导论的学习、理解及思维拓展。

本教材在编写过程中，得到了各位编者的大力支持，同时也得到了北京大学医学出版社相关领导及编辑的鼎力相助，在此表示诚挚的谢意。由于能够参考与收集的资料有限，加之编者知识水平的限制，本教材难免会有疏漏之处，敬请各位老师、同学及护理界同仁提出宝贵意见，以便本教材修订提高。

敖春　罗仕蓉

目 录

第一章　绪　论

学习目标

1. 正确阐述护理学的发展史。
2. 能准确说出护理学的工作范畴。
3. 列出南丁格尔对近代护理的贡献。
4. 分析近、现代护理发展的各个重要阶段，比较每个阶段护理发展的主要特点。
5. 明确护理工作在社会的地位和作用，激发学习动机。
6. 以南丁格尔为榜样，热爱护理专业，增强为人民健康服务的事业心和责任感。

案例 1-1

患者男，48 岁，因头痛、头晕伴恶心 4 小时入院，既往有高血压病史。接诊护士小李按常规采集病史，测量生命体征，处理医嘱等。

思考

1. 小李接诊过程属于什么护理范畴？
2. 入院后延续护理属于什么护理范畴？

护理学既是一门科学，也是一门艺术，其与基础医学、临床医学、口腔医学、公共卫生与预防医学、中医学、药学、中药学、特种医学及医学技术等共同构成了医学的一级学科。护理学在以健康为中心的健康照护中具有重要的作用，它将随着护理专业的不断发展而完善，随着社会需求及环境变化而不断发展及演变。

第一节　护理学概述

一、护理学的概念

国际护士会（International Council of Nurses，ICN）认为护理学是帮助健康的人或患病的人保持或恢复健康，预防疾病或平静地死亡。美国护士会（American Nurses Association，ANA）将护理学定义为“护理学通过判断和处理人类对已经存在或潜在的健康问题的反应，并为个人、家庭、社区或人群代言的方式，达到保护、促进及最大程度提高人的健康及能力，预防疾病及损伤，减轻痛苦的目的”。

我国学者周培源1981年对护理学的定义为“护理学是一门独立的学科，与医疗有密切的关系，相辅相成，相得益彰”。我国著名的护理专家林菊英认为“护理学是一门新兴的独立科学，护理理论逐渐形成体系，有其独立的学说及理论，有明确的为人民健康服务的思想”。

综上所述，护理学是健康学科中一门独立的应用性学科，以自然科学及社会科学为基础，研究如何提高及维护人类身心健康的护理理论、知识及发展规律。护理学是研究有关预防保健、疾病治疗及康复过程中护理理论、知识、技术及其发展规律相结合的综合性应用科学；护理学的内容及范畴涉及影响人类健康的生物、社会、心理、文化及精神各个方面因素，其研究方法是应用科学的思维方法对各种护理学现象进行整体的研究，以探讨护理服务过程中各种护理现象的本质及规律，并形成具有客观性及逻辑性的科学。

二、护理学的范畴

（一）护理学的理论范畴

1. 护理学研究的对象　现代护理认为，护理对象包括了个体、家庭、社区及社会。针对个体，护理照护包含了人生命的全过程，即健康、亚健康、患病及死亡过程。

2. 护理学的理论体系　在护理工作中常用的理论包括奥瑞姆的自理模式、罗伊的适应模式、纽曼的健康系统模式及佩普劳的人际关系模式等。随着护理学的发展，护理学将发展和完善护理理论内容，构建更加完整的护理学理论体系。

3. 护理学与人民健康的关系　人民健康是立身之本，是立国之基。人民健康状况受自然环境、生活条件、生活方式、经济状况、个人健康素养知识及卫生服务体系等众多因素的制约。护理学主要对人民生活方式、个人健康素养发挥全面、全程、连续、优质、专业的影响，从而提高人民生活质量乃至生命质量。

4. 护理分支学科及交叉学科　护理学作为一门独立的学科，经过百余年的发展，已逐渐形成了相对稳定的知识体系。除了护理学的专业知识外，护理学与自然科学、社会科学、人文科学等学科相互渗透，在理论上相互促进，形成了许多新的分支学科和交叉学科，如社区护理学、老年护理学、护理心理学、护理伦理学、护理管理学、护理礼仪、人际沟通等，推动了护理学的发展及护理学科体系的构建和完善。

（二）护理学的实践范畴

1. 临床护理　着重于对服务对象的照护及恢复，范围包括医院、疗养院、诊所等，其内容包括基础护理和专科护理。

（1）基础护理：临床各专科护理的基础，应用护理学的基本理论、基本知识和基本技能，结合患者的需要，满足患者的基本需求，如饮食护理、排泄护理、病情观察、临终关怀等。

（2）专科护理：以护理学和相关学科理论为基础，结合临床各专科患者的特点及诊疗要求，为患者提供整体护理，如重症护理、急救护理、康复护理及各专科护理等。

2. 社区护理　主要的工作场所包括卫生所、健康中心、工厂、学校及各种民间团体等，工作的重点为社区卫生、心理卫生及与预防保健有关的活动。社区护理以社区人群为照护对象，以临床护理的理论、知识、技能为基础，根据社区的特点，为社区人群开展妇幼保健、预防接种、健康管理、老年护理、康复促进、安宁疗护等的医疗照护。旨在帮助社区人群建立良好的生活方式和健康管理理念，为出院患者提供形式多样的延续性护理，以及为长期卧床患者、晚期姑息治疗患者、老年患者等人群提供护理照护，其最终目标是提高全民健康水平。

3. 护理管理　应用管理学的理论和方法，对护理工作中的人力、财力、物力、时间、信息等进行科学的计划、组织、协调与控制，提高护理工作的质量和效率，确保护理活动安全、有效。

4. 护理教育　以护理学和教育学理论为基础，以人的健康为中心，以社会需求为导向，以岗位胜任力为核心，有目的、有计划地培养护理人才，以适应医疗卫生和护理学科发展的需要。护理教育分为学历教育、继续教育和岗位培训三大类。学历教育分为中专、大专、本科、硕士、博士教育；继续教育设有专科、本科、硕士等教育层次；岗位培训包括对新入职护士、专科护士、护理管理人员、社区护士、助产士等的培训。

5. 护理科研　是应用观察、实验、调查分析等科学方法探索未知，回答和解决护理领域的问题，直接或间接地指导护理实践的过程。其目的是揭示护理学的内在规律，促进护理理论、知识、技能的完善及更新。

三、护理学的任务

护理学的任务与护理学科的发展和人类健康需求密切相关。现代护理学认为，护理任务包括促进健康、维持健康、恢复健康和减轻痛苦四项。

（一）促进健康

1986 年 11 月 21 日，世界卫生组织在加拿大渥太华召开的第一届国际健康促进大会上首先提出了“促进健康”这一词语，它是指运用行政的或组织的手段，广泛协调社会各相关部门以及社区、家庭和个人，使其履行各自对健康的责任，共同维护和促进健康的一种社会行为和社会战略。

（二）维持健康

在维持健康的护理活动中，护士通过一系列护理活动帮助服务对象维持其健康状态。例如，教育和鼓励患慢性病而长期住院治疗的老年患者做一些力所能及的活动来维持肌肉的强度和活动度，以增强自理及自护的能力。

（三）恢复健康

恢复健康是帮助人们在患病或出现影响健康的问题后，改善其健康状况。例如，协助残障者参与其力所能及的活动，使他们从活动中得到锻炼和自信，以利于其恢复健康。

（四）减轻痛苦

减轻痛苦是护士所从事护理工作的基本职责和任务。通过学习护理学基础和各专科知识，掌握及运用知识和技能于临床护理实践，帮助个体和人群减轻身心痛苦，提高生活质量。如根据恶性肿瘤的疼痛规律及止痛药的有效血药浓度适时用药，可以减轻或避免疼痛发生。

四、护理工作方式

护理工作方式指临床上护理人员在对护理对象进行护理时所采取的工作模式，又称护理分工方式。临床上根据患者的病情、护理人员的数量和工作能力以及护理服务的地点及场合不同，选择适合本地区、本医院的护理工作方式。

（一）个案护理

个案护理由专人负责实施个体化护理，一名护理人员负责一位患者全部护理的护理工作方式。适用于抢救患者或某些特殊患者。

个案护理的优点：①患者身边24小时都有护士，能全面掌握患者情况，满足其各方面需要；②护士负责完成患者全部护理活动，责任明确；③护患交流增加，有利于建立良好的护患关系；④能显示护士的个人才能，满足其成就感。

个案护理的缺点：①护士只能做到在班负责，无法达到连续的护理；②耗费人力；③对护理人员要求高，需要其接受培训。

（二）功能制护理

功能制护理以工作为导向，按工作内容分配护理工作，各司其职。它是一种流水作业的工作方法，护士分工明确，如“治疗护士”“办公室护士”等。

功能制护理的优点：①护士分工明确，对所承担的护理工作非常熟悉；②易于组织管理；③节省人力。

功能制护理的缺点：①护士为患者提供片段性护理，工作连续性差；②护士缺少与患者交流的机会，护患关系不易维系；③工作机械，易产生疲劳感，不利于发挥工作积极性；④较少考虑患者的心理及社会需求，对患者情况缺乏整体的了解。

（三）小组制护理

小组制护理以小组形式对一组患者（10 ~ 20位）进行整体护理。小组成员由不同级别的护理人员组成，在组长计划、指导下，各司其职，共同完成护理任务。

小组制护理的优点：①小组成员彼此合作、共同制订护理计划，可维持良好的工作氛围；②护理的系统性、连续性较好；③能发挥各级护士的作用，为患者提供综合的护理服务；④小组成员间容易沟通和协调。

小组制护理的缺点：①一组护士护理一组患者，护士个人责任感相对减弱；②患者没有固定的护士负责，缺乏整体的护理；③小组与小组成员之间需花费较多时间沟通交流；④对组长的组织及业务能力要求较高。

（四）责任制护理

责任制护理是在20世纪80年代初引入中国并开始实施的一种护理分工方式。由责任护士和辅助护士按护理程序对患者进行全面、系统和连续的整体护理。其结构是以患者为中心，要求从患者入院到出院均由责任护士对患者实行8小时在岗，24小时负责制。由责任护士评估患者情况、制订护理计划和实施护理措施。

责任制护理的优点：①护士责任明确，责任感和自主性明显增强，对自己的工作有成就感；②能全面了解患者情况，为患者提供连续、整体、个性化的护理，患者归属感和安全感增加，对护理工作的满意度提高；③有利于建立良好的护患关系；④有利于护士发挥独立的护理功能，推动专业化进程。

责任制护理的缺点：①对责任护士的要求较高，而符合要求的护士数量严重不足；②24小时负责制给护士带来较大的责任和压力；③表格填写及文字书写任务过重，人力、财力消耗较大。

（五）综合护理

综合护理指恰当地选择并综合运用上述几种护理工作方式，以达到有效地利用人力资源，为护理对象提供节约成本、高效率、高质量护理服务的一种护理分工方式。

综合护理的优点：①节约成本，提高工作效率；②可为护士提供良好的个人发展空间和机会。

综合护理的缺点：①对护理人力需求较大；②不能完全按照护理程序的工作方法开展工作。

以上几种护理工作方式，在护理学的发展历程中都起着重要作用。各种护理工作方式是有继承性的，新的工作方法是在原有基础上的改进和提高。

第二节　护理学发展史

护理学的形成及发展与人类的文明及健康需要密切相关，在不同的历史发展时期，护理专业不断发展及进步，以适应当时社会对护理实践的需求。回顾历史，才能更好地了解专业发展过程，明确专业发展方向，准确预测未来的发展趋势，以更好地满足社会发展需要。

一、古代护理的孕育

护理学是古老的艺术，同时也是年轻的专业。地球上自从有了人类，就有了生、老、病、死的问题，而人类为解除或减轻自身的疾病及痛苦就需要护理。护理学经过了漫长的历史发展时期，每个时期的护理特点都带有当时科学发展的烙印，具有其特定的时代及历史背景。

（一）人类早期的护理

1. 自我护理　远古时代，人类在生存过程中，如采集野果、打猎受伤后，会模仿动物用舌头舔伤口，以减轻疼痛；用溪水清洗伤口，防止伤口感染加剧等。并且还总结出当腹部不适时，用手抚摸可以减轻痛苦；发明火种后，又发现食用熟食可以减少胃肠道疾病的发生。至此，“自我保护”的医疗照护方式逐渐形成。

2. 家庭护理　为了抵御恶劣的生存环境，人类逐渐开始群居，按血缘关系组成以家庭为中心的部落形态，尤其是在母系氏族社会，妇女除了要养育子女、管理家庭事务外，还必须承担照护家中生病者的责任。例如，每当孩子生病发热时，母亲就会把水洒在孩子的额头上为其降温。这些都是最初的家庭护理型态。

3. 宗教护理　在原始社会，人类常常把疾病看成是灾难，认为是神灵主宰或魔鬼作祟，巫师也应运而生，因此他们用祷告、画符、念咒等封建迷信的方法祈求神灵的帮助，以减轻痛苦或祛除疾病，导致医药、迷信和宗教长期联系在一起，巫医不分。随后，草药的应用，一些治疗手段的应运而生，以及饮食的调理等医疗照护证实了巫术的无用，故医巫分开，形成了集医、护、药于一体的原始医疗。到了公元前后，中国、埃及、希腊、罗马、印度等开始并记载了如尸体包裹、药物应用、催眠术、内外科疾病治疗、公共卫生、外科手术、沐浴疗法等对后世影响较大的医护行为。

（二）公元初期的护理

自公元初年基督教兴起后，教会对医护工作长达一千多年的影响自此开始。教徒们宣扬“博爱”“牺牲”等思想，神职人员在传播宗教信仰、广建修道院的同时，还开展医病、济贫等慈善活动，并建立了医院。这些医院最初为收容徒步朝圣者的休息站，后来发展为治疗精神病、麻风病等疾病的医院及养老院。一些献身宗教的妇女，在从事教会工作的同时，还参与对老弱病残的护理，使护理工作开始从家庭走向社会。他们当中多数人虽未受过专业的训练，但因工作认真、服务热忱、有奉献精神，受到了当时社会的赞誉和欢迎。这些医护工作是早期护理工作的雏形，对之后护理事业的发展产生了积极的影响。

（三）中世纪的护理

中世纪的护理发展主要以宗教及战争为主题。当时的护理工作环境分为一般的医疗机构及以修道院为中心的教会式医疗机构两种。教会式医疗机构都遵循一定的护理原则，按照病情轻重将患者安排在不同的病房。当时护理的重点是改变医疗环境，包括改变采光、通风及空间的安排等。

中世纪由于罗马帝国的分裂，欧洲处于群雄割据的混乱状态，人们开始了民族大迁徙，使医学及护理学的发展极为落后，人们被疾病、战争及天灾所困扰，医院条件极为简陋，没有明确的分科，各科疾病混杂在一起，机构设置杂乱无章，管理混乱。

中世纪后期，基督教与穆斯林教之间为了争夺耶路撒冷发动了十字军东征，这场战争长达 200 年之久。由于连年征战，伤病员大量增加，因此需要随军救护人员。战争中一些信徒组成救护团，男团员负责运送伤病员和难民，女团员负责在医院里护理患者，护士的人数大量增加。当时的护理除了重视医疗环境的改善外，也重视对护士的训练、护理技术的发展、在岗教育、对患者的关怀、工作划分等方面。但护理培训及实践内容很不正规，也没有足够的护理设备，伤病员的死亡率很高。

在战争之外的欧洲各国，普遍建立了小型的医院，大多数医院由教会控制，护理工作主要由修女承担，对需要接近男性身体方面的工作则被禁止，由地位低下的仆役来承担。自此，护理逐渐从家庭式的自助与互助模式向规模化、社会化及组织化的方向发展。

（四）文艺复兴时期的护理

公元1400—1600年，十字军东征促进了东西方文化的融合，使欧洲新兴资产阶级对新旧文化知识的研究产生了兴趣，从而进一步促进了文学、艺术、科学，包括医学等领域的发展。在此期间，人们破除了对疾病的迷信认识，治疗疾病有了新的依据。此时，教会医院大量减少，为适应医疗需要，建立了公立、私立医院，从事护理工作的人员开始接受部分训练，并专门照护伤者。但是，1517年发生的宗教改革，使社会结构与妇女的地位发生了变化，护理工作不再由具有仁慈博爱精神的神职人员担任，新招聘的护理人员多为谋生而来，他们既无经验，又未经过必要的训练，这就致使护理质量大大下降。此后，护理的发展进入了长达200年的黑暗时期。

二、近代护理学的诞生

19世纪后期，由于科学的发展及医学的进步，医院数量不断增加。加上天花的大流行及英国殖民地的战争，使得社会对护理的需求不断增加。在此背景下，欧洲相继开设了一些护士训练班，使护理的质量及地位有了一定的提高，护理的内涵也有了一定的科学性。1836年，德国牧师西奥多·弗里德尔（T.Fliendner）在凯撒斯维斯城建立了世界上第一个较为正规的护士培训班，护理事业创始人和现代护理教育奠基人弗洛伦斯·南丁格尔（Florence Nightingale，1820—1910年）就曾在此接受训练。

（一）南丁格尔时期

南丁格尔是现代护理学的奠基人，她在19世纪中叶首创了科学的护理专业，这是现代护理学的开始，也是护理学发展的一个重要转折点。

1820年5月12日，南丁格尔出生于意大利佛罗伦萨市的一个名门富有之家。她的父亲威廉·爱德华是一个博学、有文化教养的统计师，母亲芬妮·史密斯出身英国望族，不但家庭富裕，而且世代行善，名扬乡里。母亲仁慈的秉性对南丁格尔产生了很大的影响，使她自幼就对贫病者富有同情心，并经常给予他们一些力所能及的帮助。南丁格尔在上流社会非常活跃，但她认为自己的生活应该更有意义。她曾在1837年的一则日记中写道："我听到了上帝在召唤我为人类服务"。

1850年，南丁格尔力排众议，慕名去了当时最好的护士培训基地——德国的凯撒斯维斯城参加护理训练班的学习，并对英、法、德三国医院的护理工作进行了考察。1853年，在英国慈善委员会的帮助下，南丁格尔在英国伦敦成立了看护所，开始了她的护理生涯。1854年3月，克里米亚战争爆发，由于战地救护条件十分恶劣，负伤英军的病死率高达50%，这引起了英国民众的强烈不满，南丁格尔得知后，自愿要求率护士赶赴前线，遂率领38名护士抵达战地医院。到达前线后，他们立即投入忙碌的抢救工作（图1-1）。在前线医院，她首先着手进行的是改善医院环境，保持清洁；改善伤病员的饮食和供水条件，增加营养；建立阅览室和游艺室，以调剂士兵的生活；重整军中邮务，以利于士兵与家人通信，兼顾伤员身心两方面的需求。她的积极服务精神赢得了医护人员的信任和伤员的尊敬，士兵们称颂她为"提灯女神”“克里米亚天使”。经过南丁格尔与全体护理人员的努力，在短短半年时间内，英国前线伤病员的病死率由 42% 下降到 2.2%，他们的成效和功绩，得到了前线和英国国内的赞誉。1856 年战争结束，南丁格尔回到英国，受到了全国人民的欢迎。为了表彰她的功绩和支持她的工作，公众募款成立了南丁格尔基金。晚年，南丁格尔视力减退，至 1901 年完全失明。南丁格尔献身护理事业，终身未嫁，于 1910 年 8 月 13 日逝世。

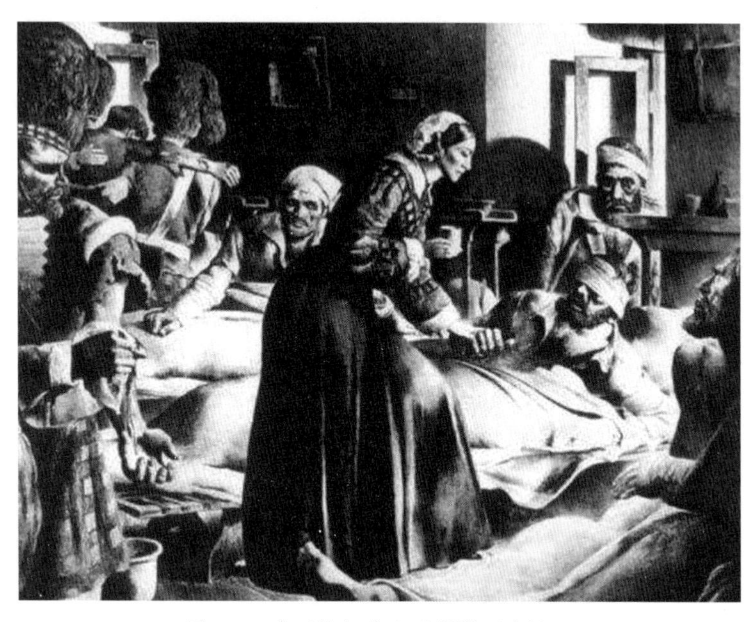

图 1-1　南丁格尔为士兵提供医疗护理

（二）南丁格尔对护理学发展的贡献

1. 为护理向科学化发展提供了基础　南丁格尔提出的护理理念为现代护理的发展奠定了基础，她认为护理是一门艺术，有其组织性、实用性和科学性。她确定了护理学的概念和护士的任务，首创了公共卫生的护理理念，重视护理对象的生理和心理护理，发展了自己独特的护理环境学说。正是由于她的努力，使护理逐渐摆脱了教会的控制，成为了一门独立的职业。

2. 撰写著作，指导护理工作　南丁格尔撰写了大量的笔记、论著、报告、书信及日记等，其中最有影响的是《护理札记》和《医院札记》。《护理札记》是护理学的经典著作，阐述了护理工作应遵循的指导思想和原理，详细论述了对患者的观察及精神、卫生、饮食对患者的影响。《医院札记》则对医院建筑、管理和卫生保健工作提出了很多有针对性和实用价值的改进意见。此外，她还发表了一百多篇护理论文，答复了上千封读者来信。至今，这些论著仍对护理工作有着指导意义。

3. 创办了世界上第一所护士学校　1860 年，南丁格尔在英国的圣托马斯医院创办了世界上第一所正规的护士学校，使护理由学徒式教导成为了一种正规的学校教育，为正规的护理教育奠定了基础，促进了护理教育的快速发展。

4. 创立了护理制度　南丁格尔强调医院的规章制度，认为健全的护理管理组织机构是提高护理工作效率和工作质量的科学管理方式，要求医院设立护理部，由护理部主任负责护理管理工作，使护理工作走向了制度化及规范化。

5. 提出护理伦理思想　南丁格尔强调护理伦理及人道主义观念，维护和尊重患者的利益。她认为患者没有高低贵贱之分，护士要平等对待每一位患者，用慈爱之心和科学知识为患者解除病痛。

为了表彰南丁格尔的卓越贡献和表示对她的纪念，1912 年，国际护士会将每年的 5 月 12 日——南丁格尔的诞辰，定为国际护士节，以激励广大护理人员继承和发扬护理事业的光荣传统。同年，国际红十字委员会决定，每两年颁发一次南丁格尔奖章和奖状，作为对各国护士的国际最高荣誉奖。我国从 1983 年开始参加第 29 届南丁格尔奖的评选活动，至 2021 年，已经有 83 位优秀护理工作者获此殊荣。

知识链接

我国南丁格尔奖获得者名单

第 29 届（1983 年）王琇瑛

第 30 届（1985 年）梁季华、杨必纯、司堃范

第 31 届（1987 年）陈路得、史美黎、张云清

第 32 届（1989 年）林菊英、陆玉珍、周娴君、孙秀兰

第 33 届（1991 年）吴静芳

第 34 届（1993 年）张水华、张瑾瑜、李桂美

第 35 届（1995 年）孙静霞、邹瑞芳

第 36 届（1997 年）汪塞进、关小英、陆冰、孔芙蓉、黎秀芳

第 37 届（1999 年）曾熙媛、王桂英、秦力君

第 38 届（2001 年）吴景华、王雅屏、李秋洁

第 39 届（2003 年）叶欣、钟华荪、李淑君、姜云燕、苏雅香、章金媛、梅玉文、李琦、陈东、巴桑邓珠

第 40 届（2005 年）刘振华、陈征、冯玉娟、万琪、王亚丽

第 41 届（2007 年）聂淑娟、陈海花、丁淑贞、泽仁娜姆、罗少霞

第 42 届（2009 年）王文珍、鲜继淑、杨秋、潘美儿、张桂英、刘淑媛

第 43 届（2011 年）吴欣娟、陈荣秀、孙玉凤、姜小鹰、赵生秀、索玉梅、陈声容、张利岩

第 44 届（2013 年）蔡红霞、成翼娟、林崇绥、王海文、王克荣、邹德凤

第 45 届（2015 年）杜丽群、宋静、王新华、邢彩霞、赵庆华

第 46 届（2017 年）李秀华、杨辉、杨惠云、杨丽、殷艳玲、游建平

第 47 届（2019 年）李红

第 48 届（2021 年）成守珍、胡敏华、脱亚莉

三、现代护理学的发展

自南丁格尔创建护理专业以来，护理学科不断发展。从护理学的实践和理论研究来看，护理学的变化和发展可概括地分为以下三个阶段。

（一）以疾病为中心的阶段

19世纪自然科学不断发展，促进了医学科学发展，细菌这个名词首次于1828年提出，并揭示了一些疾病与细菌感染的内在联系，认为疾病是由于细菌或外伤等袭击人体后所致的损害和功能异常，有病就是不健康，一切医疗行为都着眼于疾病，从而形成以疾病为中心的医学指导思想，这一思想也成为指导和支配护理实践的基本理论观点。

此阶段护理的特点：护理已成为专门的职业，护士从业前须经过专门的培训；护理从属于医疗，护士是医生的助手；护理工作的主要内容是执行医嘱和各项护理技术操作；护理学尚未形成自己的理论体系，护理教育类同于医学教育，课程内容涵盖较少的护理内容。

（二）以患者为中心的阶段

20世纪40年代，社会科学中许多有影响的理论和学说相继被提出和确立，如系统论、人的基本需要层次论、人和环境的相互关系学说等，为护理学的进一步发展奠定了理论基础，促使人们认识到人类健康与心理、精神、社会环境之间的关系。“健康不但是没有疾病和身体缺陷，还要有完整的生理、心理状况与良好的社会适应能力”，此健康的定义于1948年由世界卫生组织（WHO）提出，指明了健康及护理工作的范畴。1955年，美国的莉迪亚·海尔（Lydia Hall）首次提出“责任制护理”的概念，用系统论的观点解释了护理工作，将“护理程序”的科学方法应用于护理领域。1977年，美国医学家恩格尔（G.L.Engel）提出“生物－心理－社会医学模式”。在这些新思想的指导下，护理工作发生了根本性的变革，从以疾病为中心的护理转向以患者为中心的护理。

此阶段护理的特点：强调护理是一门专业，逐步建立了护理的专业理论基础；护士和医生是合作伙伴关系；护理工作内容不再是单纯地、被动地执行医嘱和完成护理技术操作，取而代之的是对患者实施身、心、社会等全方位的整体护理，满足患者的健康需要；在相关理论的基础上，通过实践和研究，逐步形成了护理学科的独立知识体系，与其他医学类学科共同构成了医学的一级学科。

（三）以人的健康为中心的阶段

20世纪70年代末，世界各国经济条件普遍改善，公共卫生事业发展迅速，以及第一次卫生革命的成功，致使疾病谱发生了改变，传染性疾病和寄生虫病不再是威胁人类健康的首要因素，卫生工作的主攻方向由控制传染病延伸到向生活方式引起的疾病宣战，即第二次卫生革命。同时，在1977年，世界卫生组织提出了“2000年人人享有卫生保健”的战略目标。至此，护理工作也进入了以人的健康为中心的阶段。

此阶段护理的特点：护理学已发展成为现代科学体系中综合人文、社会、自然科学知识的应用学科；护士角色多元化，护士不仅是医生的合作伙伴，还是照护者、教育者、管理者、咨询者等；护理的工作范畴从对患者护理扩展到对人的生命全过程的护理，护理对象由个体扩展到群体；护理的工作场所从医院扩展到家庭和社区及所有有人的地方；护理教育有了完善的教育体系和坚实的护理理论基础。

四、我国护理学发展概况

（一）中国古代护理

中医学历史悠久，早期的医学集医、药、护为一体，医护密不可分，所强调的“三分治，七分养”，就是对医疗与护理的关系所作出的精辟概括，其中的“养”即指护理。在中医学发展史和丰富的医学典籍及历代名医传记中，有许多关于护理技术和理论的记载，有的内容至今仍有指导意义。

远古时代：我们的祖先为了求生存，除了学会渔猎、穴居、用火等谋生手段外，还发现食用某些植物可以减少病痛。另外，还发现用尖利的石块可以刺破脓肿达到治疗的效果，这些石块被称为“砭石”或“砭针”。同时还发现烤火时，利用其热效应可以减轻疼痛，这可视为我国针灸的起源。这些原始的医治活动，蕴藏着朴素的护理思想。

春秋战国：名医扁鹊总结出“切脉、望色、听声、写形，言病之存在”的经验，记述了护理活动中观察病情的方法和意义，沿用至今。

秦、汉、三国：西汉时成书的著名的《黄帝内经》，是我国现存最早的医学经典著作，该书强调对人的整体观念和预防思想，记载了疾病与饮食调节、精神因素、自然环境和气候变化的关系。东汉名医张仲景发明了猪胆汁灌肠法、人工呼吸和舌下给药法。三国时外科名医华佗在模仿虎、鹿、猿、熊、鸟五种动物动作姿态的基础上，创造出一套“五禽戏”，竭力宣传体育锻炼，以增强体质，预防疾病。

唐：唐代杰出医学家孙思邈著有《备急千金要方》和《千金翼方》，他认为一个医生除医术精湛外，还应有高尚的医德。此外，他还改进了前人的筒吹导尿法，首创了细葱管导尿法；在《备急千金要方》中，宣传了隔离思想：“凡衣服、巾、栉、枕、镜不宜与人共之”，至今仍有临床意义。

宋、元：宋朝名医陈自明所著的《妇女大全良方》中，提供了许多有关孕妇产前、产后护理的知识。有关口腔护理的重要性和方法在当时也有记载，如“早漱口，不若将卧而漱，去齿间所积，牙亦坚固”等。此外，《本草衍义》中已认识到盐与水肿的关系。

明、清：明代发明了“人痘”接种的方法用以预防天花的流行，这比牛痘疫苗的发现早几百年。著名医药学家李时珍所著的《本草纲目》被译为多种文字，是我国及世界医药界的重要参考资料。明清时期，医学家提倡用燃烧艾叶、喷洒雄黄酒等方法消毒空气和环境；胡正心医生还提出用蒸汽消毒法对传染病患者的衣物进行处理。

中医学是中国几千年历史文化的灿烂瑰宝，孕育其中的中医护理虽然没有得到独立发展的机会，但却为我国护理学的产生与发展奠定了丰富的理论和技术基础。

（二）中国近代护理

我国近代护理事业的兴起是在1840年鸦片战争前后，随各国军队、宗教和西方医学的进入而开始的，那时各国的传教士到中国建教堂、开办医院和学校，将西方的医疗和护理传入中国。

1835年，英国传教士巴克尔（Parker）在广州开设了第一所西医医院，两年以后即以短训班的方式培训护理人员。

1884年，美国妇女联合会派到中国的第一位护士麦克奇尼（Mckechnie）在上海妇孺医院推行“南丁格尔”护理制度，并于1887年在上海开办了护士训练班。

1888年，由美国约翰逊女士在福建福州创办了我国第一所护士学校。

1895年和1905年，在北京先后成立了护理训练班及护士职业学校。

1909年，我国最早的专业学术团体之一，中华护理学会前身——中国护士会成立（1964年更名为中华护理学会）。

1920年，中国护士会创办《中国护士四季报》。同年，北京协和医学院建立了协和高等护士专科学校。

1922年，我国加入国际护士会，成为国际护士会第11个会员国。

1932年，我国第一所正规公立护士学校中央护士学校在南京成立。

1934年，教育部成立护士教育专门委员会，将护理教育改为高级护士职业教育，自此护士教育被纳入了国家正式教育系统。

（三）中国现代护理

中华人民共和国成立以后，我国护理事业的发展进入了一个新时代。

1. 护理实践　护理领域从医疗机构向社区、家庭拓展，护理内容从疾病临床治疗向慢病管理、老年护理、长期照护、康复促进、安宁疗护等方面延伸，实现医疗、护理、康复协作，护士运用专业知识和技能为国民生老病死全过程提供医学照护、病情观察、健康指导、慢病管理、康复促进、心理护理等服务，体现人文关怀，满足国民身体、心理、社会的整体需求。

2. 护理管理　包括与医疗质量安全核心制度有关的分级护理制度、值班和交班制度、急危重患者抢救制度、查对制度、手术安全核查制度、危急值报告制度、病历管理制度等。这些护理管理内容通过医疗管理工具如全面质量管理（TQC）、质量环（PDCA循环）、品管圈（QCC）、临床路径管理等措施、方法和手段实现管理目标和持续改进。除此以外，护理管理建立护士分层级管理制度，以护士临床护理能力和专业技术水平为主要指标，结合工龄、职称和学历等，对护士进行合理分层，明确护士职业发展路径，拓宽护士职业发展空间；完善护士执业管理制度。护士执业地点、执业范围和执业规则及有关规定还有待完善。

3. 护理教育　分为学历教育、继续教育和岗位培训三大类。①学历教育：1950年在北京召开了全国第一届卫生工作会议，将护理专业教育列为中专教育之一；1966—1976年，护理教育一度处于停滞状态，至1978年恢复招生；1983年，教育部和卫生部（现为国家卫生健康委员会）联合召开会议，决定恢复高等护理教育，由天津医学院率先开设了护理本科专业；1992年，北京、上海等地开始了护理硕士研究生教育；2004年，协和医科大学和第二军医大学分别开始招收护理学博士研究生；② 1997年，卫生部成立了继续教育委员会护理学组，标志着我国护理学继续教育正式纳入了国家规范化的管理；③全国护理事业发展规划（2016—2020年）将建立护士培训机制纳入规划，强调重点加强新入职护士、专科护士、护理管理人员、社区护士、助产士等的培训，并于2016年1月由国家卫生计划生育委员会（现为国家卫生健康委员会）印发了《新入职护士培训大纲（试行）》，标志着护士岗位培训步入规范化，其与学历教育、继续教育共同构成了护理教育不可缺失的重要组成部分。

4. 国内外学术交流及其他方面　1979年以后，我国护士出国考察、访问及各国护理专家及护士来华讲学或进行学术交流的人数日渐增多。各高等院校的护理系或学院也加强了与国外护理界的学术交流及访问，每年都会有一定数量的护士被选派到国外进修或攻读学位。近年来，中华护理学会及各省市护理学会举办了很多高规格的国际护理学术会议。这些国际交流缩短了我国护理与国外护理之间的差距，提高了我国的护理教育水平及护理质量。

5. 中华护理学术组织及刊物

（1）中华护理学会（Chinese Nursing Association）：1909年在江西庐山牯岭成立了“中国护士会”，会长一职在1928年前一直由英、美两国护士轮流担任。从1928年开始，由中国护士伍哲英首任。1914—1948年，学会共举办全国护士代表大会16届。1949年之前，全国有13个省、市成立了分会。当时的护士总数32 800人，护士会员人数达10 114人，其中永久会员有3500余人。

中华护理学会在新中国成立前曾几易会名。1942年改称中国护士学会。1951年1月，经中央人民政府内务部核准，1952年学会会址由南京迁到北京，1964年更名为“中华护理学会”并沿用至今。中华护理学会受中国科学技术协会及国家卫生健康委员会双重领导。学会的最高领导机构是全国会员代表大会。中华护理学会为促进国内外的护理学术交流及学科建设，提高护士的素质，争取护士的合法权益，完善及健全护理教育体系，推动护理事业的发展做出了巨大的贡献。

（2）主要刊物：1920年，《中国护士四季报》在上海创刊，1921年更名为《护士季报》。1954年中华护士学会创办《护理杂志》，并在全国发行，1981年改为《中华护理杂志》并沿用至今。我国现有的主要护理杂志包括：《中国护理管理杂志》《中华护理教育杂志》《中国实用护理杂志》《中华现代护理杂志》《护理学杂志》《护理研究》《护理管理杂志》《国际护理学杂志》《中国医学文摘护理学分册》等十余种。

本章小结

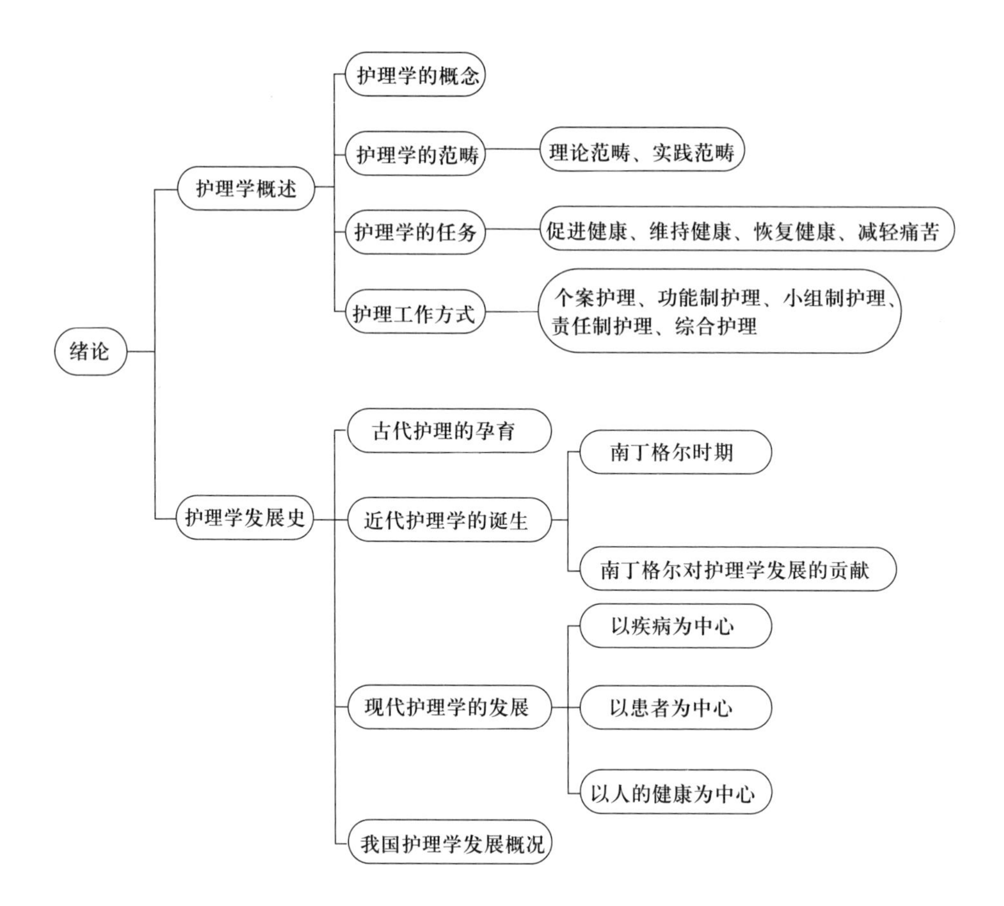

绪论
护理学概述
护理学的概念
护理学的范畴
理论范畴、实践范畴
护理学的任务
促进健康、维持健康、恢复健康、减轻痛苦
护理工作方式
个案护理、功能制护理、小组制护理、责任制护理、综合护理
护理学发展史
古代护理的孕育
近代护理学的诞生
南丁格尔时期
南丁格尔对护理学发展的贡献
现代护理学的发展
以疾病为中心
以患者为中心
以人的健康为中心
我国护理学发展概况

自 测 题

一、选择题

【A1/A2 型题】

1. 世界上第一所护士学校创办于（　　）

A. 1820 年，法国　　B. 1820 年，英国　　C. 1860 年，英国

D. 1860 年，法国　　E. 1888 年，英国

2. 将 5 月 12 日定为国际护士节，是因为这一天是（　　）

A. 南丁格尔的诞辰

B. 南丁格尔创办第一所护士学校的日期

C. 国际红十字会设立南丁格尔奖章纪念日

D. 南丁格尔逝世的日期

E. 南丁格尔接受英国政府奖励的日期

3. 现代医学模式为（　　）

A. 生物医学模式

B. 自然科学医学模式

C. 生物心理医学模式

D. 生物 - 心理 - 社会医学模式

E. 生物 - 生理 - 社会医学模式

4. 中医“三分治，七分养”中的“养”是指（　　）

A. 护理　　B. 医疗　　C. 食疗

D. 药疗　　E. 中医

5. 我国第一所护士学校创办于（　　）

A. 1860 年，北京　　B. 1888 年，福州　　D. 1920 年，广州

E. 1931 年，延安　　C. 1900 年，江西

6. 在克里米亚战争中，由于南丁格尔和护士们艰苦卓绝的工作，在短短的半年时间内使伤病员的死亡率由 42% 降至（　　）

A. 1%　　B. 2.2%　　C. 5.2%

D. 7.5%　　E. 10%

7. 陈某，女，26 岁。患脊髓压迫症，行脊髓腔穿刺完毕，护士协助患者采取去枕仰卧位。此项护理措施属于（　　）

A. 基础护理　　B. 专科护理　　C. 社区护理

D. 护理教育　　E. 护理管理

8. 袁某，男，69 岁。胰腺癌晚期，病情日趋恶化，疼痛加剧，护士小李遵医嘱为其注射哌替啶 1 支。此项护理措施的主要目的是（　　）

A. 促进健康　　B. 预防疾病　　C. 恢复健康

D. 减轻痛苦　　E. 治疗疾病

【A3/A4 型题】

（9 ~ 11 题共用题干）

在某综合医院内科，小谢是处理医嘱的主班护士，小周是治疗护士，小余是药疗护士，小郑是生活护理护士。她们每隔一段时间就会由护士长安排进行调换岗位。

9. 此种护理工作方式属于（　　）

A. 个案护理　　B. 功能制护理　　C. 小组制护理

D. 责任制护理　　E. 综合护理

10. 下列属于此种护理工作方式优点的是（　　）

A. 小组成员彼此合作、共同制订护理计划

B. 护理的系统性、连续性较好

C. 护士分工明确，对所承担的护理工作非常熟悉

D. 能发挥各级护士的作用，为患者提供综合的护理服务

E. 小组成员间容易沟通和协调

11. 此种护理工作方式的缺点是（　　）

A. 护士只能做到在班负责

B. 耗费人力

C. 对护理人员要求高，需要接受培训

D. 不适合所有患者的护理

E. 护士为患者提供的是片段性护理，工作连续性差

二、简答题

1. 南丁格尔对近代护理学的主要贡献有哪些?

2. 简述责任制护理的优缺点。

（冯子倩　刘　霖）

第二章　护理学的基本概念

学习目标

1. 解释人、环境、健康、护理、整体护理的概念及内涵。
2. 说出人、环境、健康、护理四个概念之间的关系。
3. 列出正确环境的分类。
4. 运用护理基本概念评估个体和群体的健康状况，并提供相应护理。

案例 2-1

患者女，50 岁，已婚，某银行职员，因疲乏、肘关节和膝关节僵硬、疼痛及畸形症状来诊，以“类风湿关节炎”入院治疗。刚入院时因焦虑睡眠不佳，日常活动受限，如翻身、进食、穿衣均需要他人协助。此后患者一反常态，逐渐对周围环境、工作及家人都表现冷漠，情绪变得低落。责任护士对其进行健康教育，此病需坚持肢体功能锻炼，关节适当活动；强调认真服药的重要性及成长为“自我疾病管理者”的首要任务。

思考

1. 该患者在出现活动受限的症状后都影响了哪些需要的实现?
2. 护士应该帮助患者解决哪些问题?

现代护理学包含人、环境、健康和护理四个最基本的概念。对这四个概念的认识直接影响到护理学的护理内容和范围、研究领域。任何一门学科均具有自己独立的知识体系，以此作为实践的基础和指导，每一门专业则建立在相应的理论基础上，而理论则由相关的概念来表述。

第一节　人

护理学研究的对象是人，护理是为人的健康服务的，包括个体的人和群体中的人。一切护理活动都是围绕着人的健康而展开，对人的认知是护理理论、护理实践的核心和基础。

一、人是一个统一的整体

人首先是一个生物有机体，即是由各器官、系统组成的受生物学规律控制的生物人。同时，人又有思想、有情感，从事创造性劳动，是过着社会生活的社会人。所谓整体，指按一定方式和目的，有秩序排列的各个个体（要素）的有机集合体。整体的概念强调两点：第一，组成整体的各要素间既保持相对独立，又彼此相互影响；第二，整体所产生的行为结果大于各要素单独行为结果的代数和。如慢性肺源性心脏病患者，呼吸系统、循环系统分别保持着呼吸和循环的功能，但心脏因慢性阻塞性肺疾病导致右心功能障碍；肺则因心功能降低进一步影响呼吸，加剧呼吸困难。同时，肺源性心脏病患者由于病情长期反复发作，在心肺功能严重受损的同时，往往存在焦虑甚至恐惧的心理问题。心理问题的出现，说明患者存在的健康问题不只有呼吸与循环系统的功能障碍。因此，对人的认知应注重其整体性。

二、人是一个开放系统

开放系统是指人生活在复杂的社会环境中，无时无刻不与环境进行着物质、能量、信息的交换，同时，在自身内部各系统间也不停地进行着物质、能量、信息的交换，故人是一个开放的系统。人的基本目标是维持人体内外环境的协调和平衡，护理的主要功能就是帮助个体调整其内环境，适应外环境的不断变化，以获得并维持身心的平衡及健康状态。强调人是一个开放系统，提示护理过程中不仅要关心机体各系统或各器官功能的协调平衡，还要注意环境对机体的影响，这样才能使人的整体功能更好地发挥和运转。

三、人的基本需要

人为了生存、成长和发展，必须满足其基本需要。著名心理学家马斯洛（Maslow）将人的基本需要分为五个层次：生理需要、安全需要、爱与归属的需要、尊重的需要和自我实现的需要。从人的生物属性看，人需要空气、阳光、水、食物、睡眠等来维持生命；从人的社会属性看，人需要情感、交往、追求自我价值等来获得成长与发展。当人的基本需要得到满足时，个体就处于一种相对平衡的健康状态，反之个体就会失衡，影响身心健康。这就要求护理人员能够评估个体基本需要满足与否，根据需要提供最佳服务，促进个体处于最佳身心状态。

护士在了解人的基本需要的概念和相关理论之后，最终目的是指导护理实践。护士在满足人的基本需要中的作用，即充分认识各类服务对象的需要，明确目前未满足的需要，预测可能出现的需要，从而提供有效的护理措施，帮助其满足需要，以恢复、维持和促进健康。

（一）需要理论对护理实践的意义

需要理论对护理有重要的指导意义，尤其是马斯洛的人类基本需要层次论，在护理领域得到了广泛应用，对护理实践具有以下指导意义。

1. 识别患者未满足的需要　护士可按照人类基本需要的不同层次，从整体的角度，系统地收集资料，评估并识别患者在各个层次上尚未满足的需要，发现存在的护理问题。

2. 理解患者的行为和情感　需要理论有助于护士领悟和理解患者的行为和情感。例如：因化疗而脱发的患者，即使在夏天也要戴上帽子或头巾等饰物；患者住院后想家，希望亲友常来探视和陪伴，这是爱与归属感的需要。

3. 针对患者可能出现的问题，预测患者即将出现或未表达出的需要，积极采取预防措施。在患者新入院时，及时向其介绍病房环境和规章制度，介绍主管医生、护士及病友，以避免患者由于对环境不熟悉而产生的不安全感。

4. 识别患者需要的轻重缓急，按照基本需要的层次及各层次需要之间的相互影响，识别护理问题的轻、重、缓、急，按其优先次序制订和实施护理计划，并针对影响需要满足的因素，采取最有效的护理措施，尽量满足患者的各种需要。

（二）应用需要理论满足不同服务对象的基本需要

1. 住院患者　一个人在健康状态下，能识别和满足自己的基本需要。但在患病时，既不能很好地识别自己患病状态的特殊需要，也有许多需要不能自行满足，必须由他人来协助。因此，护士应全面评估患者各种需要的满足情况，明确患者尚未满足的需要（即护理问题），并根据其优先次序制订和实施相应的护理措施，以满足患者合理需要，使其恢复机体的平衡与稳定。住院时可能出现的未满足的需要及满足途径如下：

（1）生理需要：疾病常常导致患者各种生理需要无法得到满足。

1）水：常见问题有脱水、水肿、电解质紊乱、酸碱平衡失调等。患者常因腹泻、呕吐等造成机体水分及电解质的丢失。轻度的水分不足常因症状不明显而被患者和护士忽视。护士应在全面评估患者的症状及其原因的基础上，及时采取措施，满足患者对水分的需要。

2）氧气：需首要满足的生理需要，尤其对于危重患者，必须立即给予氧气，否则将危及生命。常见问题有呼吸困难、呼吸道阻塞等所致的缺氧。护士应对患者氧气的满足情况做出迅速而完整的评估，针对缺氧的原因立即采取措施，以满足患者对氧气的需要。

3）营养：常见问题有营养不良。不同疾病导致的食欲减退、吸收不良、呕吐、腹泻等可使患者对营养的需要得不到满足，如糖尿病、肾脏疾病患者的特殊饮食需要。亦可能由于不良的饮食习惯、心理因素造成营养不良。不同疾病患者对营养也有不同需要，肾脏疾病患者要求低盐、优质低蛋白饮食。护士应评估患者的营养状况，确定引起营养不良的原因并进行干预，以满足患者对营养的需要。

（2）安全需要：人在患病住院时安全感会降低。影响因素包括对医院环境和医护人员陌生，不了解疾病的诊断、治疗，担心治疗效果，对检查、治疗感到焦虑、恐惧，担心住院带来的经济问题等。帮助患者提高安全感的措施包括：①提供安全的住院环境，防止发生意外，告知患者呼叫器的使用，正确用药，严格执行无菌操作，严格消毒、隔离、预防院内感染等；②及时进行入院介绍，提供及时恰当的疾病及诊疗信息，耐心解答患者的问题和疑虑，保证良好的服务态度和过硬的护理操作技术等。

（3）爱与归属感需要：患者住院时，无助感会增加。因为住院与家人分开，患者希望得到亲友及周围人的关心、爱护、理解、支持。因此，护士应通过建立良好的护患关系，让患者感受到被关怀、被重视，鼓励家属和朋友多关心患者，鼓励亲友的探视，介绍病友相互交流等，以满足患者爱与归属感的需要。

（4）尊重需要：人患病时，能力受限、需要依赖他人照顾、隐私得不到保护、某些疾病导致的形象改变等，这些都会使患者失去自我价值感。因此，护士应注意使用礼貌和尊重的称呼，重视和听取患者的意见，尊重其个人习惯和宗教信仰，协助患者尽可能实现自理。保护患者的隐私，如进行各种操作时注意遮盖身体的隐私部位，指导患者适应疾病带来的形象改变，帮助患者感受到自我存在的价值。

（5）自我实现需要：疾病会影响患者各种能力的发挥，尤其是有重要能力丧失时，如偏瘫、截肢、失语、失明等。但疾病也会对某些人的成长起促进作用，从而对自我实现有所帮助。由于自我实现需要的内容和满足方式因人而异，护士应鼓励患者表达自己的感受，教导患者适当的技巧以发展其潜能，鼓励患者根据具体情况，重新建立人生目标，并通过积极康复和加强学习，为自我实现创造条件。

在明确了患者上述各个方面尚未满足的需要之后，护士应按照人的基本需要层次排列护理问题的优先次序。一般来说，维持生存的需要是最基本的，必须优先予以满足。护士应把患者视为整体的人，在满足低层次需要的同时，应考虑较高层次的需要，各层次需要之间是相互联系、相互影响的，不能将其孤立地看待。如在导尿时，除了满足患者生理的需要，还应注意保护患者的隐私，以满足患者对尊重的需要。同时，护士应注意由于患者的社会文化背景、个性心理特征不同，各层次需要的优先次序可能会有所不同，对于较高层次需要的满足方式也存在差异。因此，护士在满足患者基本需要时，应充分考虑到个体差异性。

2. 社区护理服务对象　社区护理服务对象包括社区中的婴幼儿和儿童、青少年、妇女、中年人和老年人等不同人群中的个体及社区中的家庭，护士应结合服务对象的特点，指导和帮助他们更好地识别和满足自身的基本需要，以维持、促进健康。

（1）社区婴幼儿和儿童：处于成长发展的关键阶段的儿童，在各层次需要方面有其特殊性，护士应指导家长认识和满足其基本需要，促进儿童的正常发育。

（2）社区青少年：青春期是成长发展的另一个关键阶段，各层次的需要也有其特殊性。

（3）社区妇女：妇女也是社区中的重点人群，包括孕前期妇女、孕产妇和围绝经期妇女，护士应识别和满足她们在不同时期的特殊需要。

（4）社区中年人：中年期是人生的全盛时期，有了稳定的家庭和事业，社交关系更加稳定而复杂，同时肩负着社会及家庭的重担。因此，应充分认识中年人各个层次的需要及其特殊性。

（5）社区老年人：衰老是人生命过程中客观存在的必然过程。随着年龄的增长，各个器官的功能逐步减弱，容易出现各种各样的疾病。同时，老年人还面临着许多重大的生活改变，如退休使自己的社会地位丧失、收入减少、自我价值降低，配偶、亲友的死亡所带来的家庭及社会角色的变化等。因此，认识社区老年人的需要，对帮助老年人延缓衰老、提高其生活质量有着非常重要的意义。

人的基本需要是为了维持自身的生存和发展，维持个体身心平衡的最基本的需求，包括生理的、社会的、情绪的、智能的、精神的各个方面。基本需要的满足与否及其满足程度与个体的健康水平密切相关。护士的任务就是应用需要的有关理论，识别各类人群未满足的需要，并通过有效的护理措施，帮助其满足基本需要，以维持和促进健康。

四、人的独特性

人首先是一个生物学个体，具有生物属性；同时人还具有社会性，不同于一般动物。每个人都是一个独特的个体，有自身独立的思想、需要、情感和动机。因此，在护理工作中，护士应尊重个体的独特性，满足患者的合理需要。

五、人的自我概念

自我概念是指一个人对自己的看法，即对躯体自我及人格自我的认知。自我概念不是与生俱来的，而是随着个体与环境的不断互动，综合环境中他人对自己的看法与自身的自我觉察和自我认识而逐渐形成的。自我概念影响着个体认知和处理各种情况的态度和方法。良好的自我概念有利于机体建立足够的信心，从而有效地抵御身心疾病的侵袭。因而，在护理过程中，要注重引导护理对象形成客观的自我概念，正确认识和发挥自己的能力，促进健康恢复或维持和促进健康。北美护理诊断协会（North America Nursing Diagnosis Association，NANDA）认为，自我概念由以下四个部分组成：

1. 身体心像　身体心像是指个人对自己身体的感觉和看法。个体通过自己的外表、身体结构和身体功能形成对身体心像的内在概念。显然，个体良好的身体心像有助于正向自我概念的建立。

2. 角色表现　角色是对于一个人在特定社会系统中一个特定位置的行为要求和行为期待。一个人一生中有许多角色需要履行，也会在同一时期同时承担多种角色，如因能力有限或对角色要求不明确等原因，而不能很好地完成角色所规定的义务时，挫折与不适感便产生，其结果便是形成负向的自我概念。

3. 自我特征　自我特征是个人对有关个体性与独特性的认识。通常人们是以姓名、性别、年龄、职业、婚姻、种族及教育背景来确定其身份和特征的。个体特征也包括个人信念、价值观、个人的性格与兴趣等。

4. 自尊　自尊是指个人的自我评价，在个体与环境的互动中，若个人的行为表现达到了所期望的水平，受到他人或对其有重要影响的人的肯定和重视，其自尊自然会提高。自尊的提高有助于自我概念的发展。

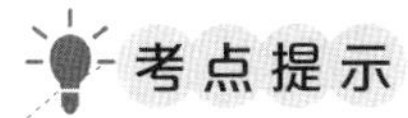

人的基本需要；自我概念。

第二节　环　境

环境是人类生存和发展的重要基本条件。美国护理理论家卡利斯塔·罗伊（Callista·Roy）

把环境定义为“围绕和影响个人或集体行为与发展的所有因素的总和”。作为护士，应为患者创造良好的环境，帮助其识别和避免环境中的不利因素，促进康复。环境是指人类赖以生存的周围一切事物，包括内环境和外环境。

一、内环境

内环境是指人体内部的环境，包括生理环境和心理环境。

1. 生理环境　生理环境是指身体的内在环境，如人体内的呼吸系统、循环系统、神经系统、内分泌系统等。各系统之间通过神经、自身调节维持生理稳定，并与外环境进行物质、能量、信息的交换，以适应外环境的变化。人体生理功能的正常运行是维持机体健康状态的基本条件。

2. 心理环境　心理环境是指影响个体心理活动的所有因素。保持护理对象心理的动态平衡，是护理的任务及目标之一。环境是动态的、变化的。需不断调整内环境，以适应外环境的变化。

二、外环境

外环境是由自然环境和社会环境所组成的。

1. 自然环境　自然环境是人类生存和发展所依赖的各种自然条件的总和，如空气、水、土壤、气候、动物等。自然生态环境影响着人类的生存和发展，人类与自然环境和谐相处是良好生态环境的保障，也是人类健康的物质基础。

2. 社会环境　社会环境也称人际关系环境，是人们为了提高物质和文化生活的需要而创造的环境。社会环境影响个体和群体的心理行为，与人类精神需求密切相关，包括社会交往、生活方式、人际关系、宗教文化、经济和劳动条件等。文化素养、人口密度等都会影响人类健康。

三、人与环境

人的一切活动都离不开环境，人与环境相互依存，相互影响。人类的健康与环境状况息息相关，一方面，人们通过自身的应对机制不断地适应环境，通过征服自然与改造自然来不断地改善和改变自己的生存环境；另一方面，环境质量的优劣又不断地影响着人们的健康。据统计，在人类所患疾病中，不少与环境中的致病因素有关。其中，人为的生产活动造成的环境破坏对人类健康的威胁较之于自然环境因素更为严重。因此，这就要求人在改造自然的同时，要有环境保护意识，自觉地保护自己的生存环境，使人类与环境相互协调，维持一个动态平衡状态，使环境向着有利于人类健康的方向发展。人类时刻与环境进行着物质、能量和信息的交换。人类与环境是命运共同体，彼此依存，相互影响。因此，充分认知内、外环境，保护生态环境，平衡心理环境，是人类文明与健康的基石。

美国护理理论家卡利斯塔·罗伊（Callista·Roy）认为，人作为护理的接受者，可以是单个人，也可以是家庭、团体、社区或者社会人群。人是具有生物、心理和社会属性的有机整体，是一个适应系统。所谓适应系统，包含了适应和系统两个方面：一方面，人作为一个有生命的系统，处于不断与其环境互动的状态，在系统与环境间存在着物质、信息和能量的交换，是一种开放系统；另一方面，由于人与环境间的互动可以引起自身内在的或者外部的变化，而人在这种变化的环境中必须保持完整性，因此每个人都需要适应。故人被认为是一个适应系统的适应过程。

罗伊理论的核心是"人是一个包括生物、心理、社会属性的整体性适应系统"，即人是为了适应环境所进行整体运作的系统。该系统在结构上可分为五个部分，即输入、控制过程/应对机制、适应方式/效应器、输出和反馈（图2-1）。其中输入部分由刺激和个体的适应水平组成；控制过程也就是个体所采用的应对机制，包括两个亚系统，即调节者和认知者；这两个亚系统形成四种适应方式，即生理功能、自我概念、角色功能和相互依赖；系统的输出部分是人通过对刺激的调节与控制所最终产生的行为，即人的行为是适应系统的输出，分为适应性反应和无效反应；这两种反应又作为新的刺激反馈输入该系统。

人、环境、健康和护理是影响和决定护理实践的四个最基本概念。在这四个基本概念中，人是核心，存在于环境中并与环境相互影响，当人的内外环境处于平衡，多层次需要得到满足时，人即呈现健康状态。而护理实践是围绕人的健康开展的活动，护理的任务就是作用于护理对象和环境，为护理对象创造良好的环境，并帮促其适应环境，从而达到最佳的健康状态。

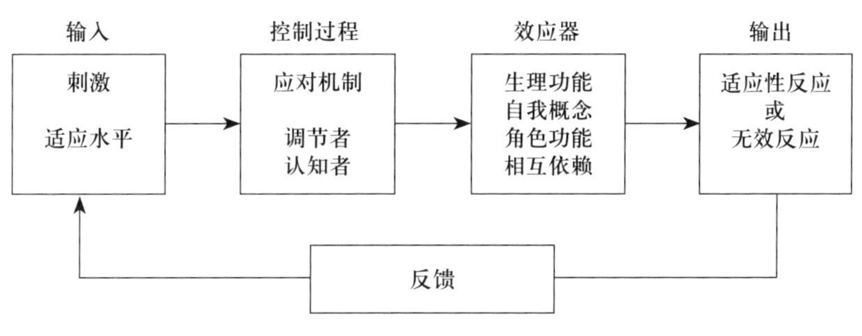

图2-1　罗伊适应模式的基本结构

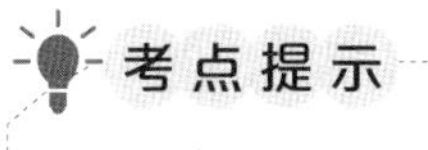

环境的含义及分类。

第三节　健　康

一、健康的概念

健康是一个复杂、综合且不断变化的概念，随着社会经济、科学技术的发展，以及人们生活水平的提高，健康的概念也在不断地变化。在不同的历史条件和文化背景下，人们对健康有不同的理解和认识。

1. 健康是平衡　在古希腊，以毕达哥拉斯（Pythagoras）和恩培多克勒（Empedocles）为代表的四元素学派认为，生命是由土、气、水、火四元素组成的，这些元素平衡即为健康；

“医学之父”希波克拉底（Hippocrates）认为，健康是自然和谐的状态，人之所以得病，是体液不平衡造成的；朴素的中国古代医学将人体分为阴阳两部分，认为阴阳协调平衡就是健康。

2. 健康是躯体无疾病　这种观点普遍认为健康就是指人体各器官系统发育良好，体质健壮，功能正常，精力充沛，具有良好的劳动效能状态。在生物医学时代，这是一种普遍的健康观，认为躯体没有疾病，即是健康。未涉及心理、社会适应等健康层面及亚健康的现象。

3. 健康是具有正常的生理、心理功能活动　此定义在躯体健康的基础上，增加了心理层面，认为生理和心理处于良好状态时即为健康，忽略了人对社会的适应性。

4. 健康是躯体健康、心理健康、社会适应良好和道德健康　1948年，WHO为健康下的定义是：“健康不但是没有疾病和身体缺陷，还要有完整的生理、心理状况与良好的社会适应能力。”此定义把健康与人们充实而富有创造性的生活联系起来，强调了健康也包括对社会环境的适应。1989年，WHO又提出了健康新定义，把道德健康纳入了健康的范畴，即“健康不仅是没有疾病，而且包括躯体健康、心理健康、社会适应良好和道德健康”。四维健康观的内涵包括：①身体结构完整和功能良好的状态，躯体没有疾病和残疾，即躯体健康；②个体能够正确认识自己，情绪稳定、自尊自爱和积极乐观等，即心理健康；③有效适应不同环境，胜任个人在社会生活中承担的各种角色，即社会健康；④按照社会道德行为规范约束自己，履行对社会及他人的义务，即道德健康。它们相互依存，相互促进，有机结合。

从现代医学模式出发，现代健康观涵盖了微观及宏观的健康观，既考虑了人的自然属性，又兼顾了人的社会属性，克服了将身体、心理和社会诸方面机械分割的传统观念，强调了人与社会大环境的协调与和谐，提供了一种理想的、可追求的状态。

二、影响健康的因素

人类处于复杂多变的自然环境和社会环境中，其健康状态受多因素的影响和制约。WHO一项研究指出“影响人类健康的因素中，行为与生活方式占60%，遗传占15%，社会因素占10%，医学因素仅占8%，气候因素占7%”。据此，将影响健康的因素归纳为生物因素、心理因素、环境因素、行为与生活方式和卫生保健服务体系。

（一）生物因素

影响人类健康的生物因素主要指生物性致病因素。

1. 病原生物方面　病原生物可引起传染病、寄生虫病和感染性疾病，威胁人们的生命健康。现代医学已经掌握了一些控制生物性致病因素的手段，如预防接种、消毒灭菌、使用抗生素等，但生物性致病因素的危害依然存在，如新型冠状病毒肺炎、艾滋病等，仍需要继续加大对传染病的防控力度。

2. 遗传方面　包括由生物遗传因素导致的人体发育畸形、代谢障碍、内分泌失调和免疫功能异常等，如地中海贫血、21-三体综合征、红绿色盲、儿童自闭症等。另外，如糖尿病、高血压、肿瘤等疾病有一定家族倾向性。遗传性疾病对人类健康的影响不可忽视，且许多疾病目前还没有有效的根治方法，给家庭、伦理、道德、法制和医疗康复带来了很大的困难。现行基因诊疗技术，健康干预是目前主要的防治措施。

3. 生物学特征方面 年龄、种族和性别等人群特征也是影响健康的因素。如绝经后女性冠心病发病率与男性一致；手足口病主要发生在10岁以下的儿童；皮肤癌患者中白种人多于其他人种，男性较女性更容易患自闭症和精神分裂症，等等。

（二）心理因素

心理因素对健康的影响主要通过情绪、情感发生作用。

积极的情绪有助于保持心态的平衡，提高机体免疫力，增进健康，延缓衰老；长期消极的情绪可以引起机体内分泌失衡、免疫力下降，甚至会诱发恶性肿瘤。健康促进、心理咨询、心理治疗、心理康复、心理危机干预是减少心理应激源的有效和配套治疗方案。

（三）环境因素

人生活在自然环境及社会环境中，有着复杂的生命活动，其健康必然会受到自然环境和社会环境的影响。

1. 自然环境 良好的自然环境是人类生存和发展的物质基础，不良的自然环境则是疾病的温床。新鲜的空气有利于健康。有足够的科学研究结果证明，雾霾中的空气颗粒物可增加死亡率、使慢性病加剧、使呼吸系统及心血管系统疾病恶化、改变肺功能及结构、影响生殖能力、改变人体的免疫结构等。

2. 社会环境 人生活在社会群体中，不同的社会制度、经济状况、风俗习惯、文化背景及劳动条件等社会环境因素均可导致人们产生不同的社会心理反应，从而影响身心健康。常见的社会环境因素主要包括：

（1）政治制度因素：政治制度是否将公民的健康放在重要位置，并积极采取措施以促进公众健康，无疑会对人类健康产生很大的影响。如废气、废水、固体废弃物的治理，系列惠民政策的出台及实施，都直接与人们的健康密切相关。

（2）社会经济因素：社会经济状况与个人经济条件的好坏也会直接影响人们的健康水平。如经济繁荣，国家会加大卫生资金的投入力度，社会会不断涌现出“光明行动”等公益事业，个人对健康的追求意识也会提升。同时值得重视的是，随着经济的增长，国民收入的增加，疾病谱也发生了改变。

（3）文化教育因素：文化教育会影响人们的健康素养、对健康和疾病的认知、就医行为的即时性和对健康教育的接受程度等。人的文化素质、教育制度、受教育程度、风俗习惯、宗教信仰、传播媒介等都能影响人的健康。

（四）行为与生活方式

行为与生活方式是指人们受一定文化因素、社会经济、社会规范及家庭的影响，为满足生存和发展的需要而形成的生活意识和生活习惯的统称。不良的生活方式直接或间接与慢性非传染性疾病有关，如恶性肿瘤、心脏病、脑血管病无一例外与不良生活方式直接相关，这些是造成我国居民死亡的主要原因。

（五）卫生保健服务体系

卫生保健服务体系是指提供医疗、预防、保健、康复、计划生育和健康教育等服务的组织和机构在提供卫生服务过程中形成的一个相互关联的系统。卫生保健服务体系是否完善与人的健康密切相关。因此，我国自2009年开始实施国家基本公共卫生服务项目，并将高血压、糖尿病这两个重点慢性病纳入项目管理之中。项目开展几年来，疾病的管理率、规范管理率以及控制率都有所提升，取得了较好的效果。同时，随着“建立城乡居民健康档案”“探索建立医养结合体”“开办健康小屋”等政策的出台，我国卫生保健服务体系将越来越完善。

预防疾病与促进健康是护理人员的天职，对健康和疾病的认识直接影响着护理人员的护理行为。人类健康状态受多种因素的影响和制约，人类处于复杂多变的自然环境和社会环境中，有其复杂的生理、心理活动，其健康受到生物、心理、环境、生活方式、医疗保健服务等诸多因素的影响。

考点提示

健康的概念；影响健康的因素。

第四节　护　理

案例 2-2

神经内分泌科护士为70岁的王大爷竖起了大拇指，夸赞他与慢性病顽强抗争的毅力，是全院病友的楷模，王大爷也对精心照护他的护士竖起了大拇指。

思考

1. 如何理解护理的内涵？
2. 如何理解整体护理？

自从人类出现，就有了护理，护理的基本内涵随着社会需求及医学模式的转变而不断发展和完善。护理学的内容及范畴涉及影响人类健康的生物、社会、心理、文化及精神等各个方面。其基本任务是促进健康、维持健康、恢复健康、减轻痛苦。

一、护理的概念

护理（nursing）一词来源于拉丁文“nutricius”，原意为哺育小儿，包含保护养育、供给营养、照顾等。从原始时期开始，护理儿童的工作多由母亲或其他妇女担任，这种照顾方式以后扩展到对老人及患者的照顾。护理的概念及定义随着社会需求及环境的变化，以及护理专业的不断发展与完善而演变。一百多年以来，护理定义的内涵和外延都发生了深刻的变化，随着护理专业的发展而不断认识、变化和发展。

南丁格尔认为“护理是艺术，也是科学”，她提出“护理的独特功能在于协助患者置身于自然而良好的环境下，帮助患者恢复身心健康。”

韩德森（Henderson）提出“护理的独特功能是协助个体（患病者或健康人）执行各项有利于健康或恢复健康（或安详死亡）的活动。

克瑞特（Kreuter）认为“护理是对患者加以保护，并指导患者满足自身的需要，使患者处于舒适的状态。”

我国著名护理专家王琇瑛认为“护理是保护人民健康，预防疾病，帮助患者恢复健康的一门科学。”

美国护士协会（American Nurses Association，ANA）于1980年提出“护理是诊断和处理人类对现存的和潜在的健康问题的反应”。这个定义的内涵：①明确提出护理学是研究人类对“健康问题”的“反应”，限定了护理学是为人的健康服务的一门科学；②明确指出护理重视的是人类对健康问题的“反应”，而不是健康和疾病本身，这就明确了医疗专业和护理专业之间的区别；③人类对健康问题的反应是多方面的，包括生理、心理、情感、社会等方面的反应；它发生在整体人的身上，因此确定了护理的对象不是单纯的疾病，而是整体的人；④护理的任务是“诊断”和“处理”人对健康问题的反应，因此，护士必须掌握护理程序这一工作方法。这个定义突出了护理的独立性和专业性，将护理贯穿于人的整个生命过程。护士运用护理程序的科学方法来履行“促进健康、维持健康、恢复健康、减轻痛苦”这四项基本职责，帮助生活在各种环境中的人与环境保持平衡，满足人的基本需要。

二、护理的本质

“照顾”是护理永恒的主题，“帮助”是护理从业之本，“人道”是护理从业之源。随着护理学的发展与进步，可将护理的本质归结为整体、帮促、关怀、专业和科学。

1. 整体　护理是帮助人，是为人类健康服务的专业，护理研究的对象是整体的、处于不同健康状况的人。即将人视为一个整体，将护理视为一个整体。

2. 帮促　护理的任务是帮促人们增进健康，解决与健康有关的问题。护士通过评估个体的自我照护能力及具体健康需求，帮助个体达成自我满足不了的需要；促进个体自我健康管理能力，最终实现恢复健康、维持健康、促进健康的目标。

3. 关怀　关怀是一种情感互动，是人性的体现。南丁格尔曾经说过“护理不只是一种技术，还是对患者生命的一种呵护”。全球护理人文关怀大会也曾提出“人文关怀是护理的灵魂，是患者的需要，是护士的职责”。随着社会的发展，护理的关怀从关怀患者提升到了关怀人类的健康。

4. 专业　护理拥有专业自主性，属于一门独立的专业。表现在：①具有独立的护理理论体系；②具备完善的教育体系；③具备护理管理体系；④具有独立的护理实践体系；⑤具备研究和促进体系。

5. 科学　护理学是一门综合自然科学和社会科学知识、独立的应用科学。护理是以科学与技术为指导的一种活动，有其自身完整的理论体系。同时，具备自身特殊的技术，兼备相应科学管理评价体系。护理人员从事护理活动，应用理论指导实践，评价护理效果，并在护理活动过程中不断发现问题、分析问题及解决问题。

三、整体护理

1. 整体护理的概念　整体护理是以人为中心，以现代护理观为指导，以护理程序为基础框架，根据患者身心、社会、文化的需要，提供适合患者需要的最佳护理，是一种护理行为的指导思想或护理观念。在这种思想指导下，护理人员把护理程序系统化地运用到临床护理和护理管理中，将护理对象视为一个功能整体，为其提供包括生理、心理、社会、精神、文化等全面、全程的帮助和照护，提供最优化的个性护理，以解决护理对象现存的或潜在的健康问题。

2. 整体护理的内涵

（1）人是一个整体：根据健康内涵，帮促个体满足其生理、心理、社会、精神、文化等多方面需求。

（2）护理是一个整体：整体护理要求为护理对象提供全方位的护理，包括：①对人的生命全过程提供照护，即护理贯穿于人的生长发育、成长、发展的各个阶段；②对疾病到健康的全过程提供照护，护士有责任使健康的人达到个人最佳健康水平，帮促患者恢复健康，以及使临终者善终，生存者善存；③对全人类提供照护。为达到全民健康的目标，要求护理人员不仅对护理对象个体给予帮助照顾，而且要结合现代健康理念，将对个体的护理延伸到家庭、社区、社会，从而提高全人类的健康水平。

（3）护理专业是一个整体：把护理临床、护理管理、护理教育、护理科研视为一个整体，为不断提高人类健康水平，协调进步，共同发展。

3. 整体护理的特点

（1）以现代护理观为指导，围绕“以人的健康为中心”认知护理内涵，实施护理内容，体现护理专业的社会价值。

（2）以护理程序为核心，促使护理人员积极、主动、科学、有效、前瞻性地提供护理照护，确保护理质量。

（3）赋予医护、护患新型的关系。

（4）医护为合作伙伴关系。

（5）护患为帮促关系。

（6）对护理科研、护理管理提出了新的要求。

人、环境、健康、护理四个概念密切相关。强调人的整体性，人与社会、自然的整体性，运用整体观念，才能探索出护理学的规律，促进护理学的发展。

考点提示

护理、整体护理的概念；护理的本质；整体护理的内涵；护理四个基本概念的关系。

本 章 小 结

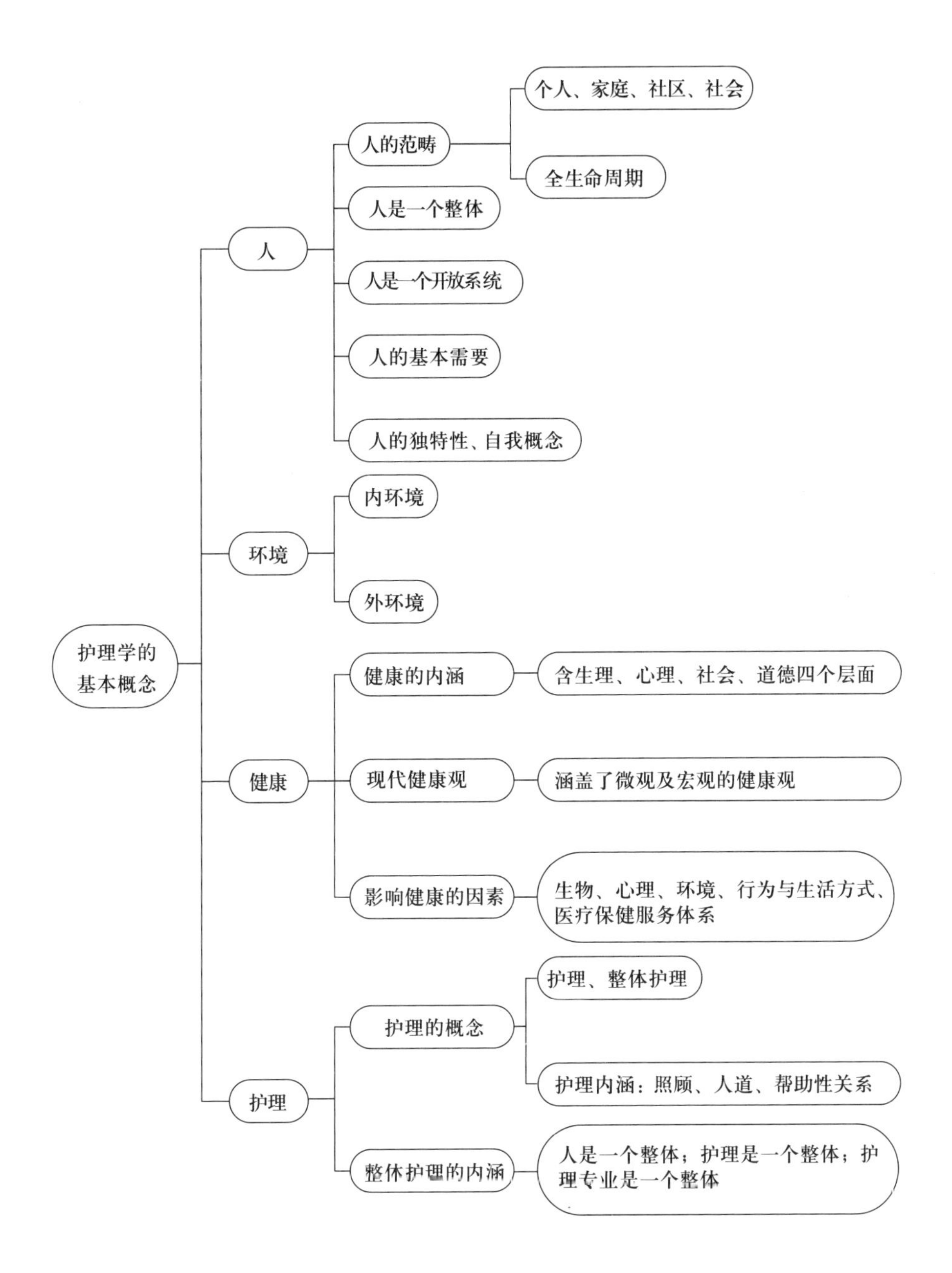
护理学的基本概念
人
人的范畴
个人、家庭、社区、社会
全生命周期
人是一个整体
人是一个开放系统
人的基本需要
人的独特性、自我概念
环境
内环境
外环境
健康
健康的内涵
含生理、心理、社会、道德四个层面
现代健康观
涵盖了微观及宏观的健康观
影响健康的因素
生物、心理、环境、行为与生活方式、医疗保健服务体系
护理
护理的概念
护理、整体护理
护理内涵：照顾、人道、帮助性关系
整体护理的内涵
人是一个整体；护理是一个整体；护理专业是一个整体

自 测 题

一、选择题

【A1/A2 型题】

1. 护理学的四个基本概念中不包括的是（　　）

A. 人　　B. 环境　　C. 健康

D. 护理　　E. 疾病

2. 护理学的核心概念是（　　）

A. 人　　B. 环境　　C. 健康

D. 护理　　E. 整体

3. 护理的最终目标是（　　）

A. 维持健康

B. 促进康复

C. 减轻痛苦

D. 维持和促进个体高水平的健康

E. 提高全人类的健康水平

4. 护理学对人的理解以下不正确的有（　　）

A. 人是一个整体

B. 人是一个开放系统

C. 人有基本需要

D. 人从健康状态到疾病状态是有明确界限的

E. 人对维持自身完好状态有所追求

5. 属于人的内环境的有（　　）

A. 劳动条件　　B. 心理活动　　C. 生活方式

D. 人际关系　　E. 社会关系

6. 患者，男性，76 岁。确诊为肺癌，近几天高热不退，责任护士看到其妻子站在门口悄悄流泪，便走近说道："我们都在尽力，您别太伤心了，我们谈谈好吗？" 责任护士的行为主要体现了护理本质的（　　）内涵

A. 整体　　B. 科学　　C. 专业

D. 帮促　　E. 关怀

7. 护士在健康促进中的作用不包括（　　）

A. 为护理对象提供有关健康的信息

B. 帮助护理对象确定存在的健康问题

C. 指导护理对象采纳健康行为

D. 开展健康教育的研究

E. 改善护理对象生活环境中的不良因素

8. 患者张某，因急性阑尾炎入院行急诊手术，术后恢复良好。其同责任护士交流对护理工作的看法，以下正确的是（　　）

A. 护理是一种帮助性的专业

B. 护理工作就是打针、发药

C. 护士是医生的助手

D. 护理工作没什么价值

E. 护士不需要学习太多的科学知识

【A3/A4 型题】

（9 ~ 11 题共用题干）

患者，男性，40 岁，患胃溃疡 10 余年。1 小时前因饮酒出现上腹部剧烈疼痛，伴恶心、呕吐、出冷汗，呕血 1 次，量 600 ml。查体：腹部压痛、肌紧张，BP 90/70 mmHg。该患者极度恐慌，护士给予安抚。

9. 护士评估存在影响患者健康的因素应包括（　　）因素

A. 生物、心理

B. 生物、心理、环境

C. 生物、环境

D. 生物、环境、行为与生活方式

E. 生物、心理、环境、行为与生活方式

10. 护士评估患者入院时主要没得到满足的需要是（　　）

A. 生理　　B. 安全　　C. 生理、安全

D. 生理、爱与归属　　E. 自尊与被尊重

11. 患者消化道出血后伴口干、心慌、乏力、出冷汗，极度恐慌，说明人（　　）

A. 具有生理需要　　B. 是一个开放系统　　C. 是一个整体

D. 具有自理能力　　E. 具有追求健康的能力

二、简答题

1. 如何认识人、环境、健康、护理四个概念的相互关系？

2. 简述整体护理的思想内涵。

3. 环境中有哪些因素影响健康？

三、论述题

试述在护理实践中进行整体护理时应注意什么。谈谈你的理解。

（沈　艳　罗仕蓉）

第三章　护士的素质与行为规范

学习目标

1. 说出护士素质的定义。
2. 列出现代护士应具备的素质。
3. 能复述护士的非语言行为。
4. 能规范地整理护士的仪容仪表。
5. 在护理工作中，能展示护士的基本姿态。

案例 3-1

早上 6 点半左右，呼吸内科来了一位 30 多岁的急诊年轻患者，被诊断为“肺炎”。当班护士小陈遵医嘱给患者静脉输液时未能一次穿刺成功，这时正好又是早晨抽血、交班的时间，小陈心想“反正患者得的是肺炎，是呼吸内科的常见病，没什么大碍，干脆等早晨抽血、交班准备完了再来穿刺也不迟”，于是就把输液用物放在患者床边便离开了。结果等 8 点钟交接班时发现患者已经死亡，死亡原因为进行性血压下降导致的休克。

思考

1. 这名护士做错了什么？
2. 如果你是该护士，应该怎么做？

第一节　护士的素质

护士肩负着救死扶伤的光荣使命。护士素质及行为规范不仅与医疗护理质量有密切的关系，而且是护理专业发展的决定性要素。因此，不断提高护士的素质是一项重要而艰巨的任务。

一、素质概述

（一）素质

素质（quality）是指个体在先天禀赋的基础上，在后天环境和教育的影响下，通过个体自身的认识活动和参加社会实践活动而形成和发展起来的较为稳定和基本的身心要素、结构及其质量水平。

（二）护士素质

护士素质（professional qualities of nurse）是指在一般素质基础上，结合护理专业特性，对护理工作者提出的特殊的素质要求。护士的基本素质包括：政治思想素质、科学文化素质、专业素质、心理和身体素质等方面。

二、护士素质的内容

现代护士应具备的素质主要包括以下几个方面：

（一）政治思想素质

热爱祖国，热爱人民，热爱护理事业，具有正确的人生观、专业价值观和为人类健康服务的献身精神，具有高度责任感和慎独修养，关爱生命，尊重护理对象，忠于职守，救死扶伤，实行人道主义，全心全意为护理对象服务。

（二）科学文化素质

为适应医学模式的转变和护理学科的发展，现代护士应树立终身学习的观念，具备一定的文化知识素养，具备自然科学、社会科学、人文科学等多学科知识，具备一定的外语基础，掌握计算机应用知识与技术。

（三）专业素质

具有较系统的护理学基础理论、基本知识和基本技能。具有科学的质疑态度和评判性思维、敏锐的观察能力、良好的决策能力、解决问题的能力、循证实践能力、较强的沟通能力、实践操作能力、创新能力、自主学习和自我发展能力。树立整体护理观念，能运用护理程序解决护理对象的各种健康问题。具有开展健康教育、护理教学和护理科研的基本能力。

（四）心理素质

护理工作经常面对各种危机、突发多变的状况和复杂多样的人际关系。这些特点要求护士必须具有乐观、开朗、稳定的情绪，坦诚、宽容、豁达的胸怀，具有高度的同情心和感知力，较强的适应能力、良好的忍耐力、自控力和应变能力，善于调节自己的情绪，保持平和的心态。

（五）身体素质

护士特定的工作环境与工作性质决定了护士应具有健康的体魄、充沛的精力，耐受力强，反应敏捷，以保证工作顺利完成。

考点提示

现代护士应具备哪些素质？

三、护士素质的形成、发展和提高

（一）推行素质教育对护士素质的形成有重要作用

素质既有先天禀赋，又需要在后天教育和影响下形成和发展。根据21世纪的社会需求，护理教育应着眼于提高学生的全面素质，融传授知识、培养能力和提高素质为一体，共同构筑护士素质教育的基本框架。

（二）护士素质教育应贯穿于护理教育的各个阶段

护士素质教育应贯穿于护理教育的各个阶段、各门课程中，在政治教育、思想教育、专业教育和日常生活管理中均应充分体现护士素质养成教育，培养其成为德、智、体、美、劳全面发展的合格人才。

（三）护士素质的提高在于强化自我修养、自我完善

护士素质的提高也是一个终身学习的过程，是一个自我修养、自我完善的过程。每个护士都须明确护士必备素质的内容、目标和要求，并自觉在实践中主动锻炼，努力使自己成为一名素质优良的合格护士。

第二节　护士行为规范

案例 3-2

小王是刚工作一年的助产护士，一天上夜班时，刚好白天处理家务，累了一天，晚上无事就坐在办公桌前打盹。产妇小李的丈夫来叫她："医生，我爱人肚子疼得厉害，请您去看看。"小王很不情愿地跟去，给产妇小李做了检查，然后告诉小李："宫口才开3 cm，还早着呢，忍着点"。小李实在忍不了痛，说："医生，我可以剖腹产吗？我实在是受不了啦。""问医生去。"小王说完自己就回到了护士站。

1. 小王值班中不妥的言行有哪些？
2. 你觉得应该如何做？

明确护理人员的行为规范，以确保护理人员在护理服务过程中保持良好的护士形象，为护理对象提供优质服务。

一、护士的语言行为

常言道：良言一句三冬暖，恶语伤人六月寒。护士在与患者交往中，患者及其亲属对医务人员的语言特别敏感。因此，护士用语要以文明礼貌为前提，严谨规范为原则，要清晰明了、通俗易懂，也要体现对患者的尊重、理解和关心。

（一）护士用语基本要求

具体要求为：内容严谨、规范，符合伦理道德原则，具有科学性；语词清晰、温和，措辞适中；语义简洁，通俗易懂。护士用语要体现爱心、同情心和真诚相助的情感。护士在用语方面既要尊重患者的知情权，又要遵守保护性医疗原则，同时还要尊重患者的隐私。

（二）日常护理用语

1. 招呼用语　护士在日常护理中要注意招呼用语，要常用如“请”“请稍候”“谢谢”“再见”“对不起”“谢谢您的协助”等语言。对患者的称谓要有区别、有分寸，可视年龄、职业而选择不同的称呼，如“老师”“同志”“小朋友”等，不可用床号直接称呼患者。

2. 介绍用语　护士在向患者自我介绍时要注意用语文明礼貌。如“您好，我是您的责任护士，我叫 ××，有事请找我”“请允许我为您介绍”等。

3. 电话用语　护士接打电话应做到有称呼，如“请您找张伟医生听电话”。护士给患者打电话时应选择适宜时间，尽量避免休息时间，控制通话时长，尽量不超过 3 分钟，通话内容应简明扼要。电话铃声一响，护士应尽快接听，并且应自报部门，如“您好！内科病房，请讲！”接听电话途中有急事需要处理时，一定要告诉对方“对不起，我现在有急事需要处理，请您稍等一下，好吗？”或者“我 5 分钟后再给您回话，好吗？”当再次与对方通话时，护士一定要说“对不起，让您久等了”。

4. 安慰用语　护士安慰患者时要声音温和，表示真诚的关怀。使用安慰用语，要使患者听后能够获得依赖感和希望感，而且感到护士的话合情合理。

5. 迎送用语　新患者入院，护士要充分意识到这是建立良好护患关系的开始，护士要起立迎接，表示尊重和欢迎，并护送患者到床边，热情向患者作各项介绍。患者出院时，护士应将其送至病房门口，用送别的语言与患者告别，如“请按时吃药”“请多保重”“请定期到门诊复查”等。

二、护士的非语言行为

非语言行为是指不以自然语言为载体的信息符号，它是以神态、表情、动作及体态为载体来传递信息、交流思想，是一种伴随语言。在护患交流中，护士正确应用非语言行为，可给患者以亲切、温暖、安全、体贴、被尊重的情绪体验，减轻患者心理负担，使患者保持良好的心理状态，有利于机体恢复到正常的健康状态。

护士的非语言行为包括以下几个方面：

（一）倾听

倾听不只是简单地“听”，而且要全身心地“参与”。护士应注视患者的面部、双眼和嘴之间的部位，注视的时间一般以谈话时间的一半左右为宜，以正视为好。

（二）面部表情

护士要保持职业的微笑。微笑应发自内心，展现真诚，体现关爱。护士以微笑面对患者，可以在微笑中为患者创造一种愉快、安全和可信赖的氛围。

（三）专业性触摸

触摸是一种普遍应用的非语言行为，可在疾病的治疗和护理过程中起到特别的作用。当患者痛苦时，护士可以轻轻地抚摸患者的手或拍拍患者的肩；患者高热时，护士可以摸摸患者的额部，这些都会带给患者无言的关心；产妇分娩阵痛时，护士可以紧握她的手或按摩她的腹部，不但可以稳定产妇的情绪，还可促使分娩顺利进行，从而降低剖宫产率；在护理视觉或听觉方面有障碍的患者时，护士温馨的触摸还可以传递关怀之情。

（四）沉默

沉默是一种姿态，特别是当患者及家属情绪激动、正在哭泣或极度悲伤时，护士以温和的态度保持沉默，可以传达理解和关怀的心意，这既可以给对方宣泄的机会，也可以让患者有调节情绪和整理思绪的时间。但沉默时间不宜太长，否则患者会认为护士对其漠不关心甚至厌烦。而打破沉默最好的方法是适时提问。

（五）人际距离

距离是交往的空间语言。人与人交往时双方所保持的距离意味着彼此的心理距离和相互关系。人际交往常有三种距离，即亲密距离 0.15 ~ 0.45 m，个人距离 0.45 ~ 1.2 m，社会距离 1.2 ~ 3.5 m。在交流过程中，不同的距离产生不同的效果，也会给患者带来不同的心理感受。

考点提示

护士的非语言行为包括哪几个方面？

三、护士的仪表与举止

护士端庄稳重的仪容，和蔼可亲的态度，典雅大方、训练有素的举止，不仅构成护士的外表美，而且可在一定程度上反映其内心的境界与情趣。护士的仪容原则为：美观、整洁、卫生、得体。护士的仪表原则为：整洁、庄重、大方、适体、方便工作。

（一）护士的仪容仪表要求

1. 面部修饰　护士应面部清洁，有光泽，让人感觉精神焕发。护士绝不能浓妆艳抹，以免使患者觉得护士不稳重，从而对护士失去信任。

2. 护士帽　护士帽的使用很有讲究。燕尾帽：戴正、戴稳，距发际 4 ~ 5cm，用白色发卡固定。短发：前不遮眉，后不搭肩，侧不掩耳。长发：梳理整齐，以黑棕色卡网盘于脑后，发饰素雅端庄。圆帽：前达眉睫，后遮发际，将头发全部遮住，不能蓬头散发，长发飘飘，拖条马尾。帽子不能污迹斑斑，歪斜不正。

3. 口罩　口罩应松紧适度，遮住口鼻。

4. 护士服　护士服宜佩戴工作牌、清洁、整齐、平整无皱折、庄重、大方、适体、方便工作。内衣不外露，裙长刚过膝，袖长至腕部，裤长盖鞋面。不能有污渍、血迹。夏天内穿白色衬裙或白色衬裤，冬天下穿白色工作裤。这样可以体现护士严格的纪律和严谨的工作作风。

5. 护士鞋和袜子　护士鞋和袜子的颜色应搭配。护士鞋一般为白色软底鞋，鞋要保持清洁、规整。

6. 饰品　护士不留长指甲，不涂指甲油，不戴戒指和有坠的耳环、手链，工作服外不能佩戴其他饰物。

（二）护士的举止要求及基本姿态

1. 举止要求　护士的举止要求：舒展大方、文雅、活泼、健康、有朝气。尊重患者，维护患者利益，尊重习俗，尊重自我，把握好分寸。护士的举止可以用“四轻”来概括，即说话轻、走路轻、操作轻、关门轻。

2. 基本姿态　护士的基本姿态包括站姿、坐姿、行姿、蹲姿、拾物姿态、端治疗盘姿态等。

（1）站姿：抬头挺胸，面带微笑，收腹提臀，下颌微收，双眼平视，两臂自然下垂，双膝并拢，身体重心落于两脚之间。两脚脚尖距离 10 ~ 15 cm，脚跟距离 3 ~ 5 cm，双手叠放于腹前，不要把手交叉在胸前或叉在腰两侧。

（2）坐姿：入座双脚并拢，平落于地，或一前一后，要稳重、端坐，腰挺直，双眼平视，下颌微收，双肩放松，双手自然放于膝盖上。落座时，护士应单手或双手抚平护士服的裙摆，轻轻落座于椅面的前 1/2 ~ 2/3，上身与大腿、大腿与小腿均呈 90°，双腿不要过分张开，谨防不雅。护士在工作中要注意表现出服务意识，不应随意就座，或流露出倦怠、疲劳、懒散的情绪或姿态。

（3）行姿：护士步伐轻盈、灵敏，抬头、挺胸、收腹，下巴与地面平行，双眼平视，两臂自然摆动，前后摆幅不超过 30°。行走时步伐从容，步态平稳，步幅适中，步速均匀，一般情况下禁止在病房内跑动。

（4）蹲姿：在站姿的基础上，将两脚前后分开约半步，单手或双手将衣裙下摆抚平蹲下。蹲姿多用于拾捡物品、整理工作环境或帮助患者。

（5）拾物姿态：取下蹲姿态，改右手拾物品。

（6）端治疗盘姿态：在站姿的基础上，双手托住治疗盘中 1/3，双手拇指、示指握住治疗盘的边缘，起固定作用，拇指不可跨越盘内，其余三指及手掌托于治疗盘底部，起支撑作用，双肘靠近腰部，前臂与上臂呈 90°。

本 章 小 结

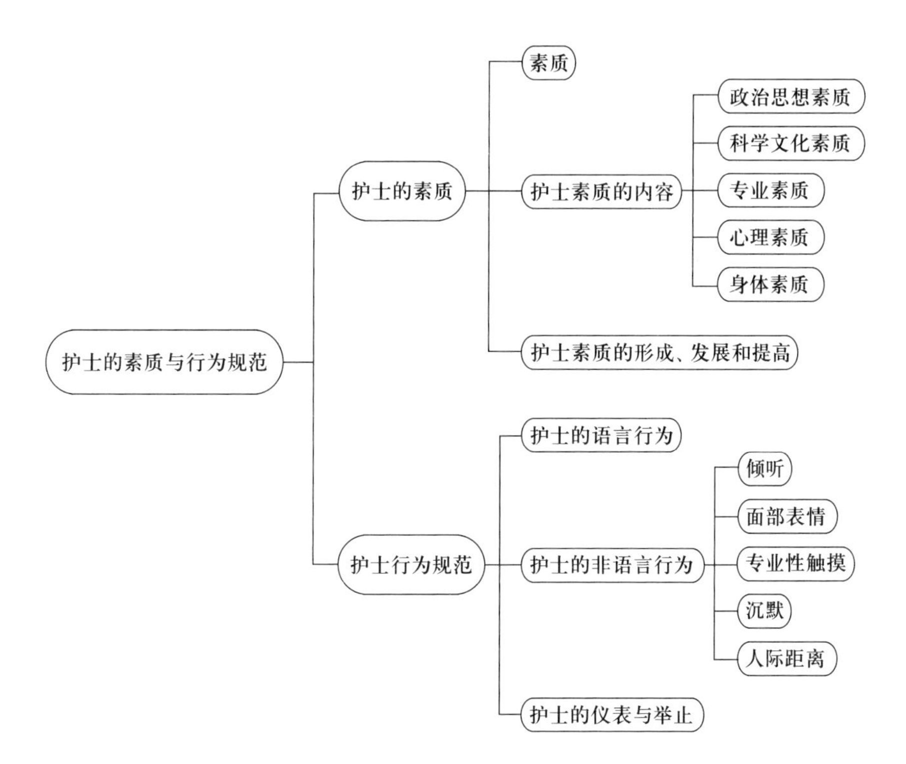
护士的素质与行为规范
护士的素质
素质
护士素质的内容
政治思想素质
科学文化素质
专业素质
心理素质
身体素质
护士素质的形成、发展和提高
护士行为规范
护士的语言行为
护士的非语言行为
倾听
面部表情
专业性触摸
沉默
人际距离
护士的仪表与举止

自测题

一、选择题

【A1/A2 型题】

1. 护士应具备的专业素质不包括（　　）
   A. 系统的护理学基础理论
   B. 有较强的实践技能
   C. 具有敏锐的观察能力和分析能力
   D. 有诚实的品格
   E. 勇于钻研业务
2. 关于护士衣着服饰的要求，错误的是（　　）
   A. 护士服穿着应整洁、平整，衣扣要扣齐
   B. 护士鞋要求平跟、软底，以白色为主
   C. 护士上班期间可佩戴耳环、项链等首饰
   D. 护士表应佩戴在左胸前，用胸针别好
   E. 护士袜应以单色为主，袜口不能露在裙摆外
3. 下列关于护士坐姿规范的描述，错误的是（　　）
   A. 头正，颈直
   B. 轻稳地坐于椅面的前 1/2 ～ 2/3
   C. 抚平护士服下端
   D. 双膝分开脚后收
   E. 两手自然置于两腿上
4. 值班护士在听到呼叫器传来呼救“×× 床的患者突然昏迷了”。此时护士去病室的行姿应（　　）
   A. 慢步走　　B. 快步走　　C. 跑步
   D. 小跑步　　E. 快速跑步
5. 下列护士的面部表情和情境，不正确的是（　　）
   A. 迎接新患者时面带微笑
   B. 面对疼痛的患者保持微笑
   C. 为患者做操作时面色镇定
   D. 与紧张、焦虑的患者交谈，保持微笑
   E. 与患者交流时经常注视患者

6. 触摸应用于辅助疗法时，主要作用是（　　）

A. 镇痛　　B. 止咳　　C. 降低体温

D. 促进血液循环　　E. 缓解心动过速

7. 初产妇，正常阴道分娩。第二产程时宫缩频繁，疼痛难忍，痛苦呻吟。此时护士最恰当的沟通方式是（　　）

A. 劝其忍耐　　B. 默默陪伴　　C. 抚摸腹部

D. 握紧产妇的手　　E. 投以关切的目光

8. 患儿，女，3 岁。因急性淋巴细胞白血病入院。在与患儿沟通时，护士始终采用半蹲姿势与其交谈，此种做法主要是应用了（　　）

A. 倾听　　B. 触摸　　C. 沉默

D. 目光沟通　　E. 语言沟通

【A3/A4 型题】

（9 ~ 10 题共用题干）

患者，女，25 岁，因胃十二指肠溃疡入院治疗。入院当晚出现心慌、头晕、呕血、黑便，患者紧张、烦躁。

9. 当患者进入病区后，如因环境陌生而紧张时，护士首先应使用（　　）

A. 迎送性语言　　B. 教育性语言　　C. 同情性语言

D. 介绍性语言　　E. 礼节性语言

10. 护士遵医嘱给患者输液，患者担心新护士操作水平，提出让护士长为其输液。此时，新护士应首先（　　）

A. 找护士长来输液

B. 装作没有听见患者的话，继续操作

C. 表示理解患者的担心，告诉患者自己会尽力

D. 让患者等着，先去为其他患者输液

E. 找家属，让其劝说患者同意为其输液

二、简答题

1. 简述护士素质的基本内容。

2. 护士可以使用哪些非语言行为？

（刘良燚）

第四章　健康与疾病

学习目标

1. 正确阐述健康与疾病的相关概念，理解健康与疾病的关系、护理与健康的关系。
2. 列出影响健康的因素和护理四个基本概念的关系以及护理的根本目标。
3. 运用现代健康观和疾病观，评述护士在健康保健事业中的作用。
4. 综合运用护理与健康的关系促进护理对象的健康。
5. 举例说明影响疾病判定的因素。

案例 4-1

患者女，28 岁，已婚。长期饮食不规律，因“胃溃疡”住院治疗。晚饭后患者外出散步，约 1 小时后回病房，自觉下腹部疼痛，且逐渐加重，恶心、呕吐咖啡色样胃内容物，大汗淋漓。护士多次询问发病诱因，患者肯定地回答是吃了“冰激凌”所致。医生诊断：考虑“胃痉挛”“胃溃疡并发穿孔”？

思考

1. 护士评估存在影响患者健康的因素有哪些？
2. 此案例说明健康与疾病存在什么关系？

健康与疾病是人类生命活动本质状态和质量的一种反应，是医学科学中两个最基本的概念。健康与疾病不仅是生物学问题，还是重要的社会问题；不仅需要从微观层面来考虑，还需要从宏观角度去研究。国际护士会指出，护士的基本职责是促进健康、维持健康、恢复健康和减轻痛苦。因此，从护理学的角度深入探讨和研究有关健康与疾病的问题，对于发展护理理论、丰富护理实践和深化护理研究具有重要意义。

第一节　健　康

健康是人类的基本需要和共同追求的目标，是促进人类全面发展的必然要求。维护和促进健康是护士的首要责任。护士应明确健康的含义和影响因素，从生理、心理、社会、精神和文化等多层面考虑，实施促进健康的护理活动，提高人类的生存质量。

一、健康的概念

1989 年，WHO 提出“健康不仅是没有疾病，而且包括躯体健康、心理健康、社会适应良好和道德健康”。

对于个体健康，从微观的角度出发，躯体健康是生理基础，心理健康是促进和维持躯体健康的必要条件，而良好的社会适应则可以有效地调整和平衡人与自然、社会环境之间复杂多变的关系，使人处于最理想的健康状态；从宏观角度出发，“道德健康”的提出，考虑了人在整个社会大环境中的功能，从关心个体健康扩展到重视群体健康，要求每个社会成员不仅要为自己的健康承担责任，而且要对社会群体的健康承担社会责任。WHO 的健康定义把健康的内涵扩展到了一个新的认识境界，对健康认识的深化起到了积极的指导作用。影响健康的因素包括生物、心理、环境、行为与生活方式、卫生保健服务体系。

二、亚健康的概念

亚健康（subhealth）是近年来国内外医学界提出的一个新概念。WHO 认为亚健康是介于健康与疾病之间的中间状态，也称“第三状态”。处于亚健康状态者，不能达到健康的标准，表现为一定时间内的活力降低、功能和适应能力减退的症状，但不符合现代医学有关疾病的临床或亚临床诊断标准。亚健康的发生与现代社会人们不健康的生活方式及不断增大的社会压力有直接关系。

三、健康的测量指标

健康测量是将健康概念及与健康有关的事物或现象进行量化的过程。随着对健康概念及其内涵认识的深化，对健康的评定已从定性向定量发展，测量指标也从单纯的疾病测量转向全方位、多层次的指标体系，不仅测量个体或群体的健康状况和行为，还测量与健康相关的法律、政策、经济、环境和卫生服务等诸多因素。

（一）健康测量指标的类型

WHO 健康水平测量研究小组指出，理想的健康测量指标应该具有科学性、客观性、特异性和敏感性等特点。常见的测量指标有以下几种分类。

1. 按照测量的对象划分　可分为个体和群体指标。

（1）个体指标：①描述个体生命活动的类型及完成情况的定性指标，如儿童发育测量和老人活动项目测量等。②描述结构和功能达到程度的定量指标，如身高、体重和活动幅度等。

（2）群体指标：①描述群体生命活动类型及实际情况的定性指标，如婚姻和生育等。②描述群体素质的定量指标，如青少年吸烟率和死因构成比等。

2. 按照测量的内容划分　可分为健康状况的生理学、心理学和社会学指标。

（1）生理学指标：主要反映人的生理学特性的指标，如年龄、性别和生长发育指标等。

（2）心理学指标：主要反映人的心理学特性的指标，如人格量表和智力量表等。

（3）社会学指标：主要指与健康有关的社会指标，如社会发展指数、人类发展指数和国民幸福指数等。

3. 按照测量的方式划分　可分为直接和间接指标。

（1）直接指标：指直接度量个人或群体健康状况的指标，如生长发育指标、营养状况指标、症状和功能指标、残疾指标、死亡指标及行为指标等。

（2）间接指标：指通过对人的生活环境和人口学特征的测量，间接反映健康状况的指标，如国民生产总值、人均绿化面积、安全饮水普及率和每千人口医生数等。

4. 按照指标的属性划分　可分为客观和主观指标。

（1）客观指标：指通过体格检查和实验室检查等手段获得的生理和生化等方面的指标，以及其他客观存在的指标，如患病率、出生率和生长发育指标等。客观指标能够较客观地反映实际存在的可以测量到的健康现象或事物，但难以反映人们的主观感受和心理活动。

（2）主观指标：指通过自我报告的形式来反映人们在健康方面的主观感受和心理活动等状况的指标，可以弥补客观指标在健康测量中的不足，如疼痛的测量、个人对生活质量的满意度及对卫生服务水平的评价等。从某种意义上讲，主观指标更能够体现人的社会性。

5. 按照指标所反映的范围划分　可分为单项性和综合性指标。

（1）单项性指标：指从一个侧面反映健康状况的指标，如预期寿命和死因构成比等。

（2）综合性指标：指综合反映健康状况的指标，在实际工作中应用较为广泛，其中最具代表的综合性指标是生存质量。

（二）生存质量

1. 概念　生存质量（quality of life，QoL），亦称生活质量或生命质量，是在客观健康水平提高和主观健康观念更新的背景下应运而生的一套综合评价健康水平的指标体系，不仅能全面反映人们的健康状况，而且能充分体现积极的健康观。1993 年 WHO 在生存质量研讨会上明确指出："生存质量是指个体在其所处的文化和风俗习惯的背景下，由生存的标准、理想和追求的目标所决定的对其目前社会地位及生存状况的认识和满意程度。"

2. 测量内容　生存质量的测量内容尚无统一的标准。WHO 建议生存质量的测量应包括六个方面：①身体功能；②心理状态；③独立能力；④社会关系；⑤生活环境；⑥宗教信仰与精神寄托。

3. 常用量表　生存质量状况主要通过量表来测量。常见的量表有：①一般量表：适用于人群共同方面的测量，可用于不同人群的比较，但不精确，如疾病影响量表、健康量表和社会功能量表等；②特殊量表：适用于患有某种特定疾病的人群的测量，灵敏度高，但不利于不同种类患者的组间比较，如糖尿病患者生存质量测定量表和癌症患者生存质量测定量表等。

四、促进健康及提高生存质量的护理活动

（一）健康相关行为

健康相关行为（health related behavior）是指人类个体和群体与健康和疾病有关的行为。按

行为对行为者自身和他人健康状况的影响，分为促进健康的行为和危害健康的行为，简称健康行为和危险行为。

1. 促进健康的行为　促进健康的行为是指客观上有利于个体或群体健康的一组行为，包括以下七类。

（1）日常健康行为：指日常生活中一系列有利于健康的基本行为，是维持和促进健康的基础，如合理膳食、适当运动、控制体重和充足睡眠等。

（2）保健行为：指正确合理地利用卫生保健服务，以维护自身健康的行为，如定期体检和预防接种等。

（3）避免有害环境行为：指主动避开自然环境和社会环境中对健康有害的各种因素的行为，如远离污染源和其他危险环境、做好职业安全防护及积极应对紧张生活事件等。

（4）戒除不良嗜好和行为：指戒除对健康有危害的个人偏好的行为，如戒烟限酒和不滥用药物等。

（5）预警行为：指预防事故发生和事故发生后正确的处理行为，如驾车系安全带、车祸后的自救和他救行为等。

（6）求医行为：指觉察到自己患某种疾病时，寻求科学可靠的医疗帮助的行为，如及时就诊、主动咨询和提供真实病史等。

（7）遵医行为：指确认有病后，积极配合医疗和护理的行为，如遵从医嘱、规律服药和积极康复等。

2. 危害健康的行为　危害健康的行为是指偏离个人和社会期望，不利于个体和群体健康的一组行为。危险行为可分为四类。

（1）不良生活方式：指对健康有害的行为习惯，包括不良嗜好、不良饮食习惯、不良卫生习惯和缺乏锻炼等。

（2）致病行为模式：指易于导致特异性疾病发生的行为模式。国内外研究较多的是A型行为模式和C型行为模式。A型行为模式与冠心病发病密切相关，故称为“冠心病易发性行为”。核心行为表现为争强好胜，富有竞争性和进取心，对工作十分投入，有时间紧迫感，警戒性和敌对意识较强，一旦受挫就容易愤怒。C型行为模式与肿瘤的发生有关，故称为“肿瘤易发性行为”。核心行为表现为情绪过分压抑和自我克制，善于忍让和回避矛盾，内心却强压怒火，爱生闷气。

（3）不良疾病行为：指个体从感知有病到疾病康复过程中表现出的不利于健康的行为，如惧病、疑病、瞒病、讳疾忌医、过度求医、不遵从医嘱、封建迷信、悲观绝望和自暴自弃等。

（4）违规行为：指违反法律法规、道德规范并危害健康的行为。例如吸毒、性乱和药物滥用等行为，不仅危害个体的健康，而且对他人、社会都有不利影响，严重危害社会健康和社会秩序。

（二）促进健康的护理活动

促进健康的护理活动是通过护士的努力，使公众建立和发展促进健康的行为，减少危害健康的行为，从而维护和提高人类的健康水平。根据不同人群的健康状况，促进健康的护理活动应有所侧重。

1. 健康人群　护士通过健康教育，帮助人们树立正确的健康观念，获取有关维持或增进健康所需的知识及资源，如指导其合理膳食、保证充足睡眠、定期预防接种及做好安全防护等。

2. 亚健康人群　护士应帮助亚健康人群减少或消除影响健康的各种因素，诱导和激励其产生促进健康的行为，积极促使个体或群体从亚健康状态回归到健康状态，如帮助其改变不良生活方式、教导其压力管理的方法及指导其强化营养增强免疫力等。

3. 患者　护士应运用专业知识和技能，明确患者现存或潜在的健康问题，有计划地开展护理活动，从而改善和促进患者的健康状况，如告知遵医行为的重要性、指导高血压患者低盐低脂饮食、运用松弛疗法减轻疾病给患者带来的痛苦、协助术后患者实施早期功能锻炼及为残障患者制订康复护理计划等。

（三）提高生存质量的护理活动

现代社会人们越来越重视和追求生活的质量而不仅仅是生命的年限。护士的任务不仅仅是解除病痛，延长服务对象的生命，还要努力提高服务对象的生存质量。提高生存质量的护理活动包括以下三方面。

1. 生理领域　首先要做好生活护理，避免不良刺激，保证患者生理舒适感。具体内容包括：

（1）采取一定的措施减轻或消除患者的疼痛与不适，如安置舒适体位、适当应用止痛剂、松弛疗法和适宜的温、湿度等。

（2）保证周围环境的安静整洁，使患者有足够的休息和睡眠。

（3）满足患者饮食、饮水、排泄和活动等方面的需要。

2. 心理领域　护士应密切关注患者的心理变化，运用良好的沟通技巧，进行心理疏导和指导，鼓励患者宣泄不良情绪，帮助其树立正确、豁达的生死观。

3. 社会领域　有力的社会支持是患者战胜疾病的重要支撑。护士应鼓励患者家属及重要关系人经常探望和陪伴患者，给予患者更多的关怀、支持和鼓励，使其获得情感上的安全感和满足感。

第二节　疾　病

在人的生命过程中，疾病是不可避免的现象，是自然的动态过程。人类对疾病的认识是随着生产力的发展和科学技术的进步而不断完善和深化的，随着人们在微观和宏观层面对疾病认识的不断深入，对疾病的预防也贯穿于疾病的发生、发展和转归。预防疾病、维持和促进健康是护士的职责。因此，护士应正确认识和诠释疾病，不仅要在个体、系统、器官、组织、细胞和分子等层面了解疾病，还应从家庭、社区和社会等层面认识疾病对人的生理、心理、社会和精神等方面的影响，充分发挥卫生保健三级预防的作用，从而帮助人们预防疾病、治疗疾病和恢复健康。

一、疾病的概念

疾病是机体在一定内外因素作用下出现的一定部位的功能、代谢或形态结构的改变，是机体内部及机体与环境间平衡的破坏或正常状态的偏离。如同对健康的认识一样，对疾病的认识也经历了一个不断发展的过程。

人类对疾病的认识经历了一个漫长的演变过程，可大致分为三个阶段：

（一）古代疾病观

1. 疾病是鬼神附体　这是在古代生产力低下和认识能力有限的情况下出现的疾病观。这种观点认为：世间有一些超自然的力量存在，疾病是鬼神附体，因此出现了巫与医的结合。

2. 疾病是机体阴阳的失衡状态　我国春秋战国时期，随着人们对自然界认识的加深，人们逐步认识到人与自然界的关系，经过长期观察与实践，提出人体由阴阳两部分构成，阴阳协调则健康，而阴阳失调则发生疾病，这就是我国古代对疾病及其本质的认识。这种疾病观虽然带有一定的主观猜测性，但对机体“失衡”状态的认识，对医学的形成和发展产生了一定的影响。几乎是在同一时间，在西方，著名的“医学之父”希波克拉底创立了“液体病理学”，认为人的健康取决于四种基本流质：血液、黏液、黑胆汁和黄胆汁，疾病是四种流质不正常地混合与污染的结果。这些以古代朴素的唯物论和辩证观为基础的疾病理论，虽然尚不成熟，并带有一定的主观猜测性，但能将疾病的发生同人体的某些变化联系起来，因而对医学的形成和发展产生了重大而深远的影响。

（二）近代疾病观

18—19 世纪，随着组织学和微生物学的发展，人们开始从细胞学的角度来认识疾病，指出疾病是致病因素损伤了机体特定细胞的结果，使疾病有了比较科学的定位。此后人类对疾病本质的认识日趋成熟。比较有代表性的有以下几种疾病观：

1. 疾病是不适、痛苦与疼痛　将疾病与不适、痛苦和疼痛联系起来，对区分正常人与患者有一定帮助。但疼痛与不适只是疾病的一种表现，并非疾病的本质和全部。这种片面的认识，不利于疾病的早期诊断和预防。

2. 疾病是社会行为特别是劳动能力丧失或改变的状态　此定义以疾病带来的社会后果为依据，期望从社会角度唤醒人们努力消除疾病、战胜疾病的意识。

3. 疾病是机体功能、结构和形态的异常　这是在生物医学模式指导下一个非常具有影响力的疾病定义，是疾病认识史上的一大飞跃，也是医学发展到一定阶段的结果。其特点是把疾病视为人体某个（些）组织、器官或细胞的结构、功能或形态改变，这就从本质上基本把握了疾病发生的原因。如糖尿病有血糖升高、白血病有异常白细胞升高等。在这种疾病观指导下，使许多疾病的奥秘从本质上得以揭示，使人类在征服疾病的进程中取得了前所未有的成绩。然而这个定义也有其自身的局限性，突出表现在无法解释一些无结构、功能与形态改变的疾病，如精神性疾病等。此外，这种疾病观只强调疾病在机体局部功能、结构或形态上的改变，忽视了机体的整体性。

4. 疾病是机体内稳态的紊乱　这是在整体观指导下对疾病所作出的解释。19 世纪末，法国生理学家伯纳德（Bernard）在大量生理实验的基础上提出了致病原因的现代概念。他认为，所有生命都以维持内环境的平衡为目的，疾病是机体内环境的破坏。20 世纪 30 年代，美国生理学家沃尔特・坎农（W.B.Cannon）又进一步发展了伯纳德的学说，他首次提出了"内环境稳定"一词，指出"机体整体及体内某一功能系统、器官或细胞在各种调节与控制机制作用下所保持的功能和结构上的平衡，是机体及其他所有生命系统的根本特征之一"。因此，疾病是机体内环境恒定状态的破坏，当内稳态紊乱时，机体则表现为疾病。

（三）现代疾病观

现代疾病观综合考虑了人体各组织、器官和系统之间的联系，以及人体生理、心理、社会、精神和环境多层面之间的联系，归纳起来有以下特征：

1. 疾病是发生在人体一定部位、一定层次的整体反应过程，是生命现象中与健康相对立的一种特殊征象。

2. 疾病是机体正常活动的偏离或破坏，是功能、代谢和形态结构的异常以及由此产生的机体与内部各系统之间及机体与外界环境之间的协调发生障碍。

3. 疾病不仅是体内的病理过程，而且是内外环境适应的失调，是内外因作用于人体并引起损伤的客观过程。

4. 疾病不仅是躯体上的疾病，而且包括精神和心理方面的疾病。完整的疾病过程，常常是身心因素相互作用、相互影响的过程。

综上所述，疾病是机体在一定的内外因素作用下而引起的一定部位的功能、代谢和形态结构的变化，表现为损伤与抗损伤的病理过程，是内稳态调节紊乱而发生的生命活动障碍。从护理的角度讲，疾病是一个生理、心理、社会和精神损伤的综合表现，是无数生态因素和社会因素作用的复杂结果。

二、疾病的判定

人一生中或多或少都会有患病的体验。患病是指本人或他人对其疾病的主观感受，常常是个体身体上或心理上的不适、厌恶、不愉快或难受的一种自我感觉和体验。每个人对患病的感受和判定受很多因素的影响，如性别、年龄、经历、环境及精神、心理状态等。

（一）疾病判定的方式

一般情况下，个体在判断自己是否患病时通常有以下三种方式：

1. 是否有症状出现　一般人常用疼痛来判定自己是否患病。当身体有疼痛症状出现时，便会觉得自己可能有病，尤其是当疼痛非常严重时便会认为自己一定得了某种病。但因每个人忍受疼痛的程度不同，对不同部位的疼痛感觉也会不同，因此差异会很大。另外，发热、呕吐、盗汗、心悸、乏力等也是人们判断疾病的常见症状。

2. 个人的感觉与直觉　当一个人感觉自己与平时不同或感觉自己不太舒服时，也会认为自己可能患了某种疾病。

3. 是否能进行日常生活、工作和学习　如果一个人在日常生活、工作、学习过程中，精神饱满、思维敏捷、食欲良好、动作轻盈，就会感觉自己身体状态良好，没有生病；而当出现记忆力减退、情绪低落、注意力不集中、轻微运动便会气喘吁吁时，则会怀疑自己可能生病了。

（二）影响疾病判定的因素

个体对自身是否患病的判断，往往会受到许多因素的影响。

1. 自觉症状的严重程度　对自觉症状的判断呈现以下几种趋势。

（1）个体所感觉到的症状越严重，认定自身患病的概率就越大。

（2）不同的受教育程度和不同的心理状态对症状严重程度的判定也不尽相同。

（3）当症状影响到日常生活，其妨碍程度越重，个体越会认为自己一定是患了某种疾病。

（4）症状出现的频率、强度、持续的时间和是否复发等也会影响个体对疾病的判断。

2. 年龄与性别　不同年龄的人对疾病的敏感程度不同。青春期的青少年对身体的特殊状况较易产生紧张情绪，老年人对疾病也很重视，儿童有时由于表述不清而容易被忽视，中年人对某些症状则具有一定的忍耐力。女性与男性相比，对不适感觉较为敏感。

3. 个体的经验及对自己身体的关心程度　曾经患过病的人对早期症状会比较了解而反应较快，极其重视身体健康的人对身体出现的异常情况则会倍加关注。

4. 周围人群的关注程度　家属或亲友、朋友的关心所带来的压力也会影响对疾病的判断。

5. 经济状况　通常情况下，经济条件好的人对自己是否患病会非常重视，也比较容易对症状进行判定；而经济条件差的人则较喜欢以自己的感觉或直觉来加以判定，即便身体出现不适也可能有等待症状自行缓解的心理。

6. 害怕暴露隐私　有些人因担心身体检查的结果会使自己某些隐私被暴露出来，因而即使感到身体有异样变化，也不愿意到医院就诊，甚至可能会否认自己得病。

7. 文化背景与宗教信仰　不同文化背景和具有不同宗教信仰的人，对患病会有不同的反应，有的人感觉异常时会及时到医院就医；有的人不到医院就诊，而是去求助神灵；有的人认为患病是有罪，是上帝的惩罚，因而默默地承受疾病的折磨。

三、预防疾病的护理活动

随着健康观的改变，医疗护理服务中对疾病的预防已贯穿于疾病的发生、发展和转归全过程，从而实现“未病先防、已病防变、病后防复”。这种涵盖了预防、治疗和康复三个层面的健康保健措施被称为三级预防。

1. 一级预防（primary prevention）　又称病因预防，是采取各种措施消除或控制致病因素，从而防止疾病的发生，是最经济有效的预防措施。

2. 二级预防（secondary prevention）　又称临床前期预防，是指在疾病的临床前期早期发现、早期诊断和早期治疗，也称为“三早”预防。目的是预防疾病的发展和恶化。

3. 三级预防（tertiary prevention）　又称临床期预防，主要是对症治疗、防止伤残和积极康复。目的是通过适时有效的治疗，防止疾病恶化，减少并发症和后遗症的发生，促进功能恢复，提高生活质量。

第三节　健康与疾病的关系

疾病是在一定病因作用下引发自稳调节紊乱而发生的一系列代谢、功能、结构异常的生命活动过程。目前普遍认为健康和疾病并非“非此即彼”的关系，二者应为连续统一体，并且可以相互转化或并存。

（一）健康与疾病是一个动态的过程

20 世纪 70 年代，美籍华裔生物统计学家蒋庆琅提出健康 – 疾病连续相（the health–illness continuum）模式，认为健康与疾病是一条连续的线，连线的一端为最佳健康状态，另一端则是死亡状态（图 4–1）。任何人任何时候的健康状态都处于这条连线的某一点上，且位置在不断变化。任何时期的状态都包含了健康与疾病的成分，哪一方面占主导，就表现出哪一方面的现象和特征。

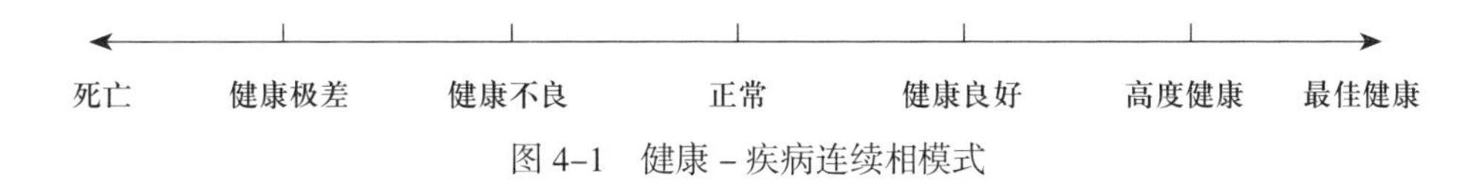

图 4–1　健康 – 疾病连续相模式

（二）健康与疾病在一定条件下可以转化

健康的维系有赖于生理、心理和社会等方面的动态平衡，疾病是由人的某方面功能偏离正常状态所致。个体从健康到疾病，或者从疾病恢复到健康的过程，往往没有明显的界限，二者在一定条件下可以相互转化。例如，“过劳死”甚至没有基础疾病，即在极度透支健康状态下，机体迅速从健康状态进入健康极度不佳状态，甚至死亡；当已经察觉“过劳”，立即调整工作，生活节奏，充分休息后，精力、体力均会得到恢复。值得关注的是，截至 2016 年，我国亚健康人群已超过 75%。亚健康是指人体处于健康和疾病之间的一种状态。处于亚健康状态者，不能达到健康的标准，表现为一定时间内的活力降低、功能和适应能力减退的症状，但不符合现代医学有关疾病的临床或亚临床诊断标准。如果注重调试，亚健康即可转向健康，否则，则出现疾病，甚至死亡。

（三）健康与疾病在同一个体上可以并存

1989 年，WHO 提出的健康观包括生理、心理、社会和道德四个维度。四个维度均处于健康水平，即为最佳健康状态。在人群中处于最佳状态者仅占总人口的 10% 左右。一个人可能在生理、心理、社会和道德中的某些方面处于低层次的健康水平甚至疾病状态，但在其他方面是健康的，如截肢患者，其身体残缺，生理方面处于疾病状态；但其心理、社会和道德三方面却可以达到健康状态，患者通过积极治疗和康复护理，回归社会后扬长避短，尽自己所能充分发挥心理、社会和道德三方面的功能和潜能，即可达到自己的最佳健康状态。从某种意义上说，他又是健康的。可见，健康与疾病可以在同一个体并存，而每个个体最终呈现出来的健康状态就是生理、心理、社会和道德等方面健康水平的综合体现。

第四节　护理与健康的关系

现代护理观认为，护理的根本目标是促进健康、维持健康、恢复健康、减轻痛苦。依据根本目标，结合整体护理思想，将护理与健康的关系归结为护理是过程，健康是结果。即护理通过促进、干预、治疗、教育等活动提升人群对健康“知、信、行”的高度，理解合理膳食、适量运动、戒烟限酒、平衡心态、良好睡眠的健康生活方式，理解科学就医、用药的重要性，理解科学生死观的价值等，从而提高人群的生活质量乃至生命质量。

人、环境、健康和护理，被公认为是影响和决定护理实践的四个最基本概念。在四个基本概念中，人是核心，其存在于环境中并与环境相互影响，当人的内外环境处于平衡、多层次需要得到满足时，人即呈现健康状态，而护理实践是围绕人的健康开展的活动，护理的任务就是作用于护理对象和环境，为护理对象创造良好的环境，并帮助其适应环境，从而达到最佳的健康状态。

本章小结

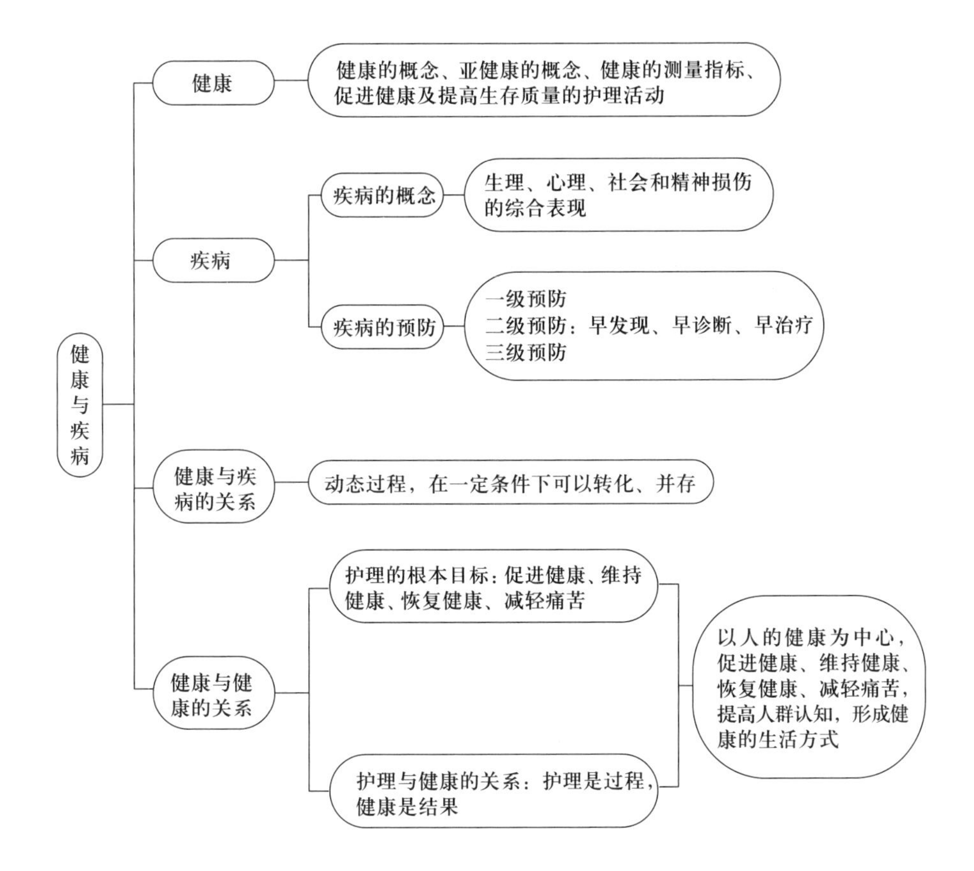
健康与疾病
健康
健康的概念、亚健康的概念、健康的测量指标、促进健康及提高生存质量的护理活动
疾病
疾病的概念
生理、心理、社会和精神损伤的综合表现
疾病的预防
一级预防
二级预防：早发现、早诊断、早治疗
三级预防
健康与疾病的关系
动态过程，在一定条件下可以转化、并存
健康与健康的关系
护理的根本目标：促进健康、维持健康、恢复健康、减轻痛苦
护理与健康的关系：护理是过程，健康是结果
以人的健康为中心，促进健康、维持健康、恢复健康、减轻痛苦，提高人群认知，形成健康的生活方式

自 测 题

一、选择题

【A1/A2 型题】

1. 下列有关疾病与健康的陈述中，正确的是（　　）

A. 疾病是机体结构和功能障碍过程的主观表现

B. 健康是完整的生理、心理状况和良好的社会适应能力

C. 健康是与疾病相对立的概念

D. 患病是个体对机体客观改变的整体体验

E. 以上都不对

2. 定期体检属于哪一种健康行为（　　）

A. 基本健康行为　　B. 保健行为　　C. 预警行为

D. 避免有害环境行为　　E. 戒除不良嗜好行为

3. 预防接种属于（　　）

A. 一级预防　　B. 二级预防　　C. 三级预防

D. “三早预防”　　E. 以上都不对

4. 健康－疾病连续相模式认为（　　）

A. 健康是相对的而非绝对的

B. 舒适是人体的主观体验

C. 信念是人获取健康的基础

D. 疾病是客观的功能障碍

E. 以上都不是

5. 与遗传因素有关的疾病是（　　）

A. 血友病　　B. 月经失调　　C. 硅肺

D. 失眠　　E. 焦虑

6. 目前对人类威胁最大的疾病主要是脑血管病、心血管病和恶性肿瘤，构成这些疾病的最重要因素是（　　）

A. 细菌　　B. 营养不良　　C. 寄生虫

D. 病毒　　E. 心理和社会

7. 指导妇女如何自己检查乳房属于（　　）

A. 一级预防　　B. 二级预防　　C. 三级预防

D. 病因预防　　E. 以上都不对

【A3/A4 型题】

（8 ~ 10 题共用题干）

李某，男，20 岁，大三学生，素来体健。某日参加同学聚会，醉酒后出现腹部剧痛、呕血等情况，在同学陪伴下急诊入院，诊断为“胃出血”。住院期间，李某十分担心自己的病情还会复发，同时对无法参加期末考试焦虑不安。

8. 李某担心自己病情会复发，同时对无法参加考试焦虑不安，属于影响健康因素中的（　　）

A. 生物因素　　B. 环境因素　　C. 心理因素

D. 文化因素　　E. 社会因素

9. 有关现代疾病观，下列哪项说法是正确的（　　）

A. 疾病是躯体上生病

B. 疾病是人体正常生命活动的终止

C. 人体疾病是整体反应过程

D. 疾病是体内因素引起的功能变化

E. 疾病是局部功能受损

10. 如何理解健康与疾病的关系（　　）

A. 各自独立　　B. 相互对立　　C. 非此即彼

D. 连续统一体　　E. 不能在同一个体上并存

二、简答题

1. 现代疾病观是如何解释疾病的?

2. 疾病会给患者及家庭带来哪些影响?

三、案例分析题

患者男，35 岁，因头痛、头晕来诊。测血压：172/102 mmHg，以“高血压病”入院。刚入院时因血压波动及焦虑入睡不佳，经抗高血压规范治疗及心理疏导后，血压平稳，入睡如常。责任护士对其进行健康教育时强调，高血压病属于慢性疾病，认知终身服药的重要性是成长为“自我疾病管理者”的首要任务。

1. 该案例说明健康与疾病存在什么关系?

2. 疾病给张某带来了哪些影响?

（陈　洁　周香风）

第五章　医疗卫生保健体系

学习目标

1. 解释初级卫生保健的概念。
2. 说出初级卫生保健的意义、特点及任务。
3. 列出我国的医疗卫生服务体系。
3. 叙述医院的任务和特点。
4. 叙述社区卫生服务的内容及特点。
5. 举例说明医院、社区的异同点。

案例 5-1

患者男，68 岁，清晨起床后突然大量呕血，量约 500 ml。其家人立即拨打“120”，救护车 15 分钟后到达现场，经医护人员初步处置后护送至医院进行进一步诊治。

思考

1. 患者生病住院及康复过程中，可能会有哪些医疗服务体系参与其中？
2. “120”救护车将会把患者送到哪一级医疗机构进行救治，为什么？

第一节　我国医疗卫生服务体系

一、初级卫生保健

为推动“人人享有卫生保健”这一全球目标的实现，WHO 和联合国儿童基金会在 1978 年召开的国际初级卫生保健大会上，明确了初级卫生保健（primary health care，PHC）是实现“人人享有卫生保健”全球战略目标的基本途径和根本策略。

（一）初级卫生保健的概念及意义

1. 概念　初级卫生保健是人们所能得到的最基本的保健照顾，包括疾病预防、健康维护、健康促进及康复服务。

2. 意义　初级卫生保健是实现“人人享有卫生保健”的策略。初级卫生保健是一种基本的卫生保健。初级卫生保健依靠切实可行、可靠、受社会欢迎的方式和技术，使社区的个人和家庭参与并享受由社区或国家能够负担的卫生服务。初级卫生保健是国家卫生系统和社会经济发展的组成部分，是国家卫生系统的中心职能，也是个人、家庭和社区与国家卫生系统接触的第一环，更是卫生保健持续进程的起始一级。

（二）初级卫生保健的特点

1. 普及性　居民团体、家庭、个人均能获得的卫生服务。

2. 综合性　初级卫生保健计划的制订必须以国家和社区的经济状况、社会文化和政治特性为基础，综合应用社会、生物、医学和卫生等方面的知识。

3. 整体性　整体性体现在初级卫生保健计划的制订上，除卫生部门外，还需要农业、畜牧业、工业、教育、住建、公共卫生及交通部门等的参与及共同努力，并通过各部门之间的协调和参与，建立共识。

4. 参与性　从初级卫生保健工作的计划、组织、执行到管理，均应鼓励与促进社区和个人参与。充分运用国家、社会、地方和其他可以利用的资源，并通过适当的教育途径增进社区的参与能力。

5. 持续性　初级卫生保健所强调的是对于社会中的主要健康问题提供促进性、预防性、治疗性和康复性的服务，在预防性治疗和保健优于医疗的原则下，以预防保健为主导，并尽可能早期发现、诊断和处理社区居民的健康问题，以减少国家和社会的负担及经济损失。

（三）初级卫生保健的原则

1. 公正　初级卫生保健要体现卫生服务和卫生资源分配与利用的公正性。满足所有人必需的卫生资源，保证卫生服务的可及性。

2. 社区参与　社区应主动参与有关本地域卫生保健的决策，对社区人群的健康承担责任，改变不良的行为和生活方式，提高个体自我保健能力，为增进社区的健康水平贡献力量。

3. 预防为主　卫生保健的重点是预防和保健，各部门应采取综合性预防措施，提高全体人民的健康水平。

4. 适宜技术　卫生保健中实施的技术方法和设备应适合当地实际情况，方便使用，人民群众乐于接受，不能脱离当地的实际卫生问题、经济水平和文化习俗。

（四）初级卫生保健的任务

1. 四个方面

（1）健康促进：包括健康教育、保护环境和饮用安全卫生的水、改善卫生设施、开展体育锻炼、促进心理卫生、养成良好的生活方式等。

（2）预防保健：在人类社会活动相互关系的基础上，采取措施预防各种疾病的发生、发展和流行。

（3）合理治疗：及早发现疾病，及时提供医疗服务和有效药品，以避免疾病的发展与恶化，促使患者早日好转及痊愈。

（4）社区康复：对丧失了正常功能和功能上有缺陷的患者，通过医学、教育、职业和社会等多方面的综合措施尽量恢复其功能，使他们重新获得生活、学习和参加社会活动的能力。

2. 九项要素

（1）对当前主要卫生问题及其预防和控制方法的健康教育。

（2）改善食品供应和合理营养。

（3）供应足够的安全卫生的饮用水和基本环境卫生设施。

（4）妇幼保健和计划生育。

（5）主要传染病的预防接种。

（6）预防控制地方病。

（7）常见病和外伤的合理治疗。

（8）提供基本药物。

（9）预防和控制慢性非传染性疾病及促进精神卫生。

二、我国医疗卫生服务体系的机构组成

卫生服务体系是为我国民众提供卫生服务的各种卫生组织机构的总称，承担着保障国民获得适宜健康保健和疾病防治服务的重任，是保障人民群众健康的社会基础设施和支撑体系。

（一）医疗卫生服务体系

1. 卫生行政组织　目前我国卫生行政组织的体制为：从中央、省（自治区、直辖市）、市（自治州）、县到乡镇各级人民政府均设卫生和计划生育委员会，负责所辖地区的卫生工作。

卫生行政组织是各级政府或部门主管卫生工作的重要职能部门，其主要功能是根据党和国家的统一要求，结合国家和各地的实际情况，制定全国和地区卫生和计划生育发展的总体规划、方针、政策、卫生法律和法规；制定医学科学研究发展规划、组织科研攻关；按照国家卫生法规对食品、药品、医用生物制品、公共卫生等进行监督、监测；拟订计划生育政策、负责计划生育管理和服务等工作。

2. 卫生事业组织

（1）医疗机构：包括各级综合医院、专科医院、疗养院、康复医院、社区卫生服务中心、门诊等，主要承担各类人群的诊疗、预防和保健工作，是目前分布最广、任务最重、医疗护理人员最为集中的卫生机构。其关注的重点是民众现在的健康状况，即以疾病为中心提供医疗卫生服务。

（2）预防保健服务机构：指由政府主管的、实施疾病预防控制与公共卫生技术管理和服务的公益性组织。公共卫生机构包括疾病预防控制机构、健康教育机构、妇幼保健、计划生育服务机构、急救中心站和血站等。其关注的重点是预防健康问题，以健康为中心提供服务。

（3）医学教育机构：指综合性大学的各类医学院、高等医学专科学校、卫生职业技术学院、卫生学校等，以发展医学教育、培养医药卫生人才为主要任务，并对在职人员进行继续教育培训。

（4）医学科学研究机构：包括医学科学院、中医药研究院、预防医学中心及各种研究所等。主要承担对医药卫生科学的研究任务，贯彻执行党和国家有关科学技术发展的政策和卫生工作方针，促进医学科学和人民卫生事业的发展，为我国医学科学的发展奠定基础。

3. 卫生监督与监督执法体系　政府管理社会卫生工作的重要保障，其主要职能是依法对影响人民健康的物品、场所、环境等进行监督和管理，保护人民健康权益，如国家、省、市和县级的卫生监督所（或局）。

4. 卫生保障体系　社会保障体系的重要组成部分，主要通过资金的筹集，为卫生服务提供合理的物质资源的支持，卫生保障体系与卫生服务体系相互作用，共同承担保护人类健康的职能。其中最有代表性的就是医疗保险。我国现行的医疗保险包括社会医疗保险和商业医疗保险。

（1）社会医疗保险：是国家和社会根据一定的法律法规，向保障范围内的民众提供患病时的基本医疗保障，包括城镇职工基本医疗保险和城乡居民基本医疗保险。组成的基本医疗保险和城乡医疗救助，分别覆盖城镇就业人口和职工基本医疗保险参保人员以外的其他所有城乡居民和城乡困难人群。

（2）商业医疗保险：指由保险公司经营的营利性的医疗保障，是对基本医疗保障的补充，如意外医疗保险和特种医疗保险等。

5. 群众卫生组织

（1）群众性卫生机构：由各级党政组织和群众团体负责人组成，其工作任务是组织有关单位和部门共同做好卫生工作，协调各方力量，推动群众组织除害灭病和卫生预防保健工作。如爱国卫生运动委员会、血吸虫病或地方病防治委员会等。

（2）学术性社会团体：如中华护理学会、中华医学会、中华预防医学会及全国各地成立的地方分会等。这些学术性团体的主要工作是提高医药卫生技术，开展各类培训学习、经验交流、科普咨询、出版学术刊物、制定行业标准等。

（3）基层群众卫生组织：中国红十字会为该组织的代表机构。其主要任务是协助各级政府的相关部门动员群众开展卫生工作、普及卫生知识、组织自救互救活动、开展社会服务和福利救济等工作。

（二）我国城乡医疗卫生服务体系

1. 城市医疗卫生服务体系　大城市的医疗卫生机构一般分为市、区、基层三级，小城市一般分为市、基层两级。

（1）一级机构（基层医疗卫生机构）：基层医疗卫生机构主要是为居民提供医疗、预防、卫生防疫、妇女和儿童卫生保健及计划生育等医疗卫生服务。包括社区医疗卫生服务中心，各机关、学校、企事业单位的医务室，卫生所，门诊部，社区卫生服务站。

（2）二级机构（区级医疗卫生机构）：区级医疗卫生机构负责一个地区内医疗业务技术指导的工作，是市级医疗卫生机构与基层医疗卫生机构之间联系的纽带，包括区级的中心医院、专科医院、疾病预防控制中心、妇幼保健站、专科疾病防治机构等。

（3）三级机构（市级医疗卫生机构）：市级医疗卫生机构是全市医疗业务技术的指导中心。一般由技术水平较高、设备比较先进、科室比较齐全的综合性医院或教学医院担任。包括市级的中心医院、专科医院、疾病预防控制中心、妇幼保健院、医药卫生教育和科研机构等。

2. 农村医疗卫生服务体系　目前，我国农村已形成以县级医疗卫生机构为中心、乡镇卫生院为枢纽、村卫生室为基础的三级医疗卫生网，使广大农民最基本的医疗、预防和保健等需求得到保障。

（1）一级机构（村卫生室）：最基层的农村卫生组织。负责基层所有卫生工作，例如环境卫生、饮水卫生、爱国卫生运动技术指导、计划免疫、传染病控制和管理、计划生育、卫生宣传等。

（2）二级机构（乡镇卫生院）：乡镇卫生院是综合性卫生事业单位，负责该地区的卫生行政管理。开展预防保健、计划生育工作，并且对村卫生室进行技术指导和业务培训。

（3）三级机构（县级卫生机构）：县级卫生机构包括县医院、县中医院、疾病预防控制中心、妇幼保健院、结核病防治所、药品检验所、卫生学校等，是全县医疗疾病预防、妇幼保健、计划生育的技术指导中心及卫生人员的培训基地。

第二节　医　院

医院是治病防病、保障人民健康的社会主义卫生事业单位，必须贯彻党和国家的卫生工作方针政策，遵守政府法令，为社会主义现代化建设服务。

一、医院的任务与工作特点

（一）医院的任务

医院的任务是以医疗为中心，在提高医疗质量的基础上，保证教学和科研任务的完成，并不断提高教学质量和科研水平，同时做好扩大预防、指导基层和计划生育的技术工作。随着医学模式的改变，人们已经意识到健康不仅是指没有疾病和身体功能上的缺陷。因此医院也从简单的诊治、照顾患者，向医疗、预防、保健、康复、教育、科研的方向全面发展。

1. 医疗　医疗是医院的主要功能。医院医疗工作是以诊疗和护理为两大业务主体，并通过与医技部门密切配合，形成一个医疗整体为患者服务。

2. 教育　医学教育的特殊性在于每个不同专业、不同层次医务人员都需要经过学校教育和临床实践教育两个不同的阶段。在职医务人员也需要不断接受继续教育，进行新知识、新技术的学习和培训，才能适应医学发展的需求，这一重要任务由医院承担。

3. 科研　医院是医疗实践的场所，临床中发现的问题都是科学研究的课题。通过科学研究解决医疗护理中的问题，推动医学的进步，提高医疗护理质量，同时促进医学教学的发展。

4. 预防保健和社区卫生服务　预防保健和社区卫生服务是医院工作的又一重要任务。医院除了治疗、护理患者外，还要进行预防保健工作，如开展社区家庭服务、健康教育咨询、疾病普查指导、基层计划生育等工作。

（二）医院的工作特点

1. 以患者为中心　医院的工作对象为患者，因此医院中所有部门应该以患者为中心，满足患者的基本需要。

2. 时间性、连续性　医护人员的服务对象是人，而人本身是一个复杂多变的整体。为了解决服务对象的问题，医护人员不仅要有全面的医学理论知识、娴熟的技术操作能力，同时还应具有人文、社会科学等方面的知识。随着医学科学的发展，医学理念、医疗设备和操作技术也在不断更新。医院应重视人才培养和技术培训，从而为患者提供更加优质的医疗护理服务。

3. 随机性、规范性　医院收治的患者病种繁杂、病情复杂多变，突发事件和灾害性事件的发生也需要医院随时应对和开展抢救，医护人员调动较多，因此医院必须有完善的规章制度和科学的管理机制，明确各级医护人员的责任，确保各项工作的有序规范，才能保障服务对象的安全。

4. 社会性、群众性　医院是社会中一个复杂的开放系统，医院服务范围广，应满足社会对医疗的基本要求。同时医院工作也受到社会条件和环境的制约，医院的发展离不开社会各界的支持，需要与社会各行业保持密切的联系。

二、医院的类型与分级

（一）医院的类型

根据不同的分类方法，可将医院划分为不同类型。

1. 按收治范围分类　分为综合医院和专科医院。

（1）综合医院：有一定数量的患者，配有相应的人员编制和设备。设有内科、外科、妇产科、儿科、急诊、五官科、中医科等各专科及药剂、检验、影像等医技科室。综合医院可以收治各类疾病的患者，具有综合治疗和护理患者、开展医学科研工作、开发新技术的能力。

（2）专科医院：为治疗各类专科疾病而设置的医疗机构，如妇产科医院、传染病医院、精神病防治医院、结核病防治医院、肿瘤医院、口腔医院、康复医院、职业病医院等。

2. 按特定任务分类　分为军队医院、企业医院、医学院院校附属医院等。

3. 按所有制分类　分为全民所有制、集体所有制、个体所有制和中外合资医院等。

4. 按经营目的分类　分为非营利性医院和营利性医院。

（1）非营利性医院：是指为社会公共利益服务而设立和运营的医疗机构，其收入不以盈利为目的，主要用于弥补医疗服务成本和医院自身的发展，如引进医疗设备、改善医疗条件、开展新的医疗服务项目等。目前我国绝大多数医院为公有制，包括全民所有制和集体所有制，属于非营利性医院。

（2）营利性医院：是指医疗服务所得收入可用于投资者经济回报的医疗机构。此类医院经卫生行政部门核准后，可以根据市场需求自主确定医疗服务项目和价格，依法自主经营。

5. 按地区分类　分为城市医院和农村医院。发生重大灾害事故、疫情等突发公共卫生事件时，上述各种医疗机构均有义务执行政府指令性救治任务。

（二）医院的分级

1989年，卫生部颁布了《综合医院分级管理标准》，综合医院开始实施标准化分级管理制度。依据医院的任务、技术水平、基础设施条件、管理水平和医疗服务质量对医院资质进行评定。在医院管理方案中，医院被划分为三级（一、二、三级）十等（每级医院分为甲、乙、丙三等，三级医院增设特等）。

1. 一级医院　为社区卫生服务中心，是直接向具有一定人口（10万以下）的社区提供医疗、预防、康复保健等综合服务的基层医疗机构。主要是农村乡镇社区卫生服务中心和街道社区卫生服务中心，主要功能是直接向人群提供初级卫生保健和基本医疗服务，并进行多发病常见病的管理，对疑难危重症患者做好正确转诊以及协助上级医院做好出院后的服务，合理分流患者。

2. 二级医院　是直接向多个社区（其半径人口在10万以上）提供全面的医疗卫生服务的医院。主要有市县医院及直辖市的区级医疗医院和相当规模企事业单位的职工医院。主要功能是在医疗服务的基础上，进行一定程度的教学和科研工作，并参与高危人群的监测，对一级医院进行业务指导。

3. 三级医院　是全国高水平的医疗卫生服务机构，为省（自治区、直辖市）或国家的医疗、预防保健、教学科研相结合的技术中心。主要指国家、省、市直属的市级大医院及医学院校的附属医院。主要功能是提供全面连续的医疗护理、预防保健、康复服务和高水平的专科医疗服务，整治疑难危重病症，接受二级医院转诊，对一、二级医院进行业务指导和培训，同时开展教学科研工作。

三、医院的科室设置

1. 诊疗科室　包括门、急诊和住院部，住院部设有内科、外科、妇科、产科、儿科、重症医学科等。

2. 医技科室　包括药剂科、检验科、影像科、病理科等，主要利用技术和设备辅助诊疗工作。

3. 行政后勤科室　包括医学部、护理部、人事科、财务科、医保科、院办公室等行政管理部门，主要负责医院的人、财、物等的后勤保障与管理。

第三节　社　区

社区是人们居住、生活的地方，随着社会经济的发展和人民生活水平的提高，人们对健康的认识也在不断转变，社区卫生服务已成为我国卫生服务体系中非常重要的组成部分。

一、社区和社区卫生服务

世界卫生组织（WHO）认为，“社区（community）是由共同价值或利益体系所决定的社会群体。其成员之间相互认识、相互沟通及影响，在一定社会结构和范围内产生并表现其社会利益、价值观念及社会体系，完成其特定功能”。不同国家、不同学科对社区的定义有所不同，但对构成社区的基本要素的认识基本是一致的，普遍认为一个社区应该包括一定数量和质量的人群、地域空间、社区设施、社区管理机构和制度等。简而言之，社区是指一定地域内具有某些共同特征的人群在社会中所形成的共同体。

社区卫生服务（community health service，CHS）又称社区健康服务（community based health care，CHC），是以解决社区主要卫生问题、满足基本卫生服务需求为目的，融合预防、医疗、保健、康复、健康教育、计划生育技术指导等为一体的，有效、经济、方便、综合、连续的基层卫生服务。

（一）社区卫生服务的基本原则

1. 坚持为人民服务的宗旨　社区卫生服务的目的是为人民服务，使群众更方便地获得基本的医疗预防保健服务，最终提高人民健康水平。

2. 坚持把社会效益放在首位的原则　社区卫生服务要充分考虑社区人群的需求和利益，正确处理社会效益和经济效益之间的关系，应把社会效益放在首位。

3. 坚持以社区人群需求为导向的原则　首先了解本社区居民的卫生服务需求，通过改革服务模式，在保证基本卫生服务的基础上，逐渐满足人民群众日益增长的多层次、多方面的卫生保健服务需求。

4. 坚持因地制宜、量力而行的原则　社区卫生服务的组织机构、保障水平、服务价格等要与社会经济发展水平和群众承受能力相适应，根据各地的具体情况开展适宜的服务项目。

5. 坚持执行结构调整政策的原则　发展社区卫生服务重点是转变服务理念和服务模式，充分利用现有的社区卫生资源，避免低水平重复建设和浪费医疗资源。

（二）社区卫生服务的内容

社区卫生服务人员主要由全科医生、预防保健医师、社区护士等有关专业卫生技术和行政管理人员组成。社区卫生服务的内容包括以下几个方面。

1. 建立健康档案　以个人为中心、家庭为单位、社区为范畴，建立和完善家庭、个人健康档案。

2. 医疗服务　运用适宜的中西医药及技术，开展社区常见病、多发病的治疗与处理，及时转诊，定期进行家庭访视。

3. 健康教育　开展多种形式的卫生科学知识普及，倡导科学的生活方式，提高群众的自我保健能力。

4. 康复指导　对老年、慢性、伤残患者进行康复咨询，并指导其进行功能锻炼，促使其尽快恢复健康。

5. 预防保健　严格执行计划免疫管理制度，督促接种对象按时到指定地点接种。开展慢性病、地方病与传染性疾病的健康指导、行为干预和筛查，以及高危人群监测和规范管理工作。

6. 计划生育　按照计划生育工作要求，开展计划生育技术咨询，并提供适宜技术服务。

7. 资料收集　负责社区卫生服务信息资料的收集、整理、分析及上报。

（三）社区卫生服务的特点

1. 广泛性　社区卫生服务的是社区全体居民，包括各类人群，除了患者群外，健康人群、亚健康人群等都是社区卫生服务的对象。

2. 综合性　社区卫生服务除了基本医疗服务外，还包含预防、保健、康复、计划生育、技术服务等多位一体的服务，并涉及服务对象的生理、心理、社会的各个层面。

3. 连续性　社区卫生服务开始于生命的准备阶段，贯穿于生命的各个周期以及疾病发生、发展的全过程。社区卫生服务不会因为某一健康问题的解决而终止，而是根据生命各周期及疾病各阶段具体的特点及需求提供针对性的服务。

4. 主动性　与医院有所区别的是，社区卫生服务的对象是以家庭为单位，采取主动服务、上门服务的方式服务于社区居民。

5. 可及性　社区卫生服务以满足服务对象的需求为宗旨。因此必须从服务内容、时间、价格及地点等方面考虑社区居民的可及性。社区卫生服务以适宜的技术，于社区居民居住地附近，为社区居民提供基本医疗服务、基本药品，确保居民能充分享受社会卫生服务，从而真正达到促进和维护社区居民健康的目的。

二、社区护理

社区护理（community health nursing）又称社区卫生护理或社区保健护理，是将公共卫生学与护理学理论相结合，用以促进和维护社区人群健康的一门综合学科。

（一）社区护理的内容

1. 保健服务　是指向社区各类人群提供不同年龄阶段的身心预防保健服务。其重点人群为妇女、儿童、老年人等。服务内容主要包括预防接种与计划免疫、计划生育技术、定期健康检查、传染病防治等。

2. 健康教育　是指以维护和促进居民健康为目标，通过举办学习班、发放宣传资料等方式向社区居民提供有组织、有计划、有评价的健康教育活动，从而提高社区居民对健康的认识，形成健康的生活方式及行为，最终提高其健康水平。健康教育内容包括疾病预防、保健知识、不良生活行为习惯等。

3. 慢性病患者的护理管理　为社区的所有慢性病、传染病及精神病患者提供其所需要的护理及管理服务。

4. 急、重症患者的急救与转诊　社区急救是挽救患者生命的关键。社区急危重症患者的转诊服务是指帮助那些在社区无法得到恰当治疗的急重症患者转入适当的医疗机构，从而得到及时有效的救治。

5. 康复服务　对老年、慢性、伤残患者进行康复咨询，并指导其进行功能锻炼，促使其尽快恢复健康。

6. 临终关怀　是指向社区的临终患者及其家属提供的各类身心服务，帮助患者度过生命的最后阶段，同时尽量减少死亡对其家庭成员的影响。

（二）社区护理的特点

1. 以促进和维护人的健康为中心　社区护理的工作目标是提高社区人群的健康水平，以预防疾病和促进健康。与医院护理服务相比，社区护理服务更侧重于积极主动的预防，通过一级预防如传染病防治、意外事故防范、健康教育等途径，达到促进社区人群健康、维持健康的目的。

2. 以群体为服务对象　社区护理的基本单位是家庭和社区，以社区整体人群为服务对象，包括健康人群、亚健康人群和患病人群等。通过为个体提供服务，收集和分析人群的健康状况，发现社区群体的健康问题和需求，以便解决人群中的主要健康问题。

3. 较高的自主性和独立性　社区护士的工作范围较广，在很多情况下社区护士需要单独解决面临的问题。因此，社区护士需要具备较强的发现问题、分析问题和解决问题的能力。另外，社区护士需要经常进入家庭进行访视活动，所以对其他各方面的知识和技术及职业道德素质要求也较高。

4. 综合性和协作性强　社区护士除了需要与医疗保健人员密切配合外，还要与社区的行政管理部门和人员合作，才能达到提升社区居民健康水平的目的。由于影响人群健康的因素是多方面的，所以要求社区护士的服务除了有预防疾病、维护健康等基本内容外，还需要从整体全面的观点出发，从卫生管理、社会支持、家庭和个人保护等方面对个人、家庭、社区人群进行综合服务。

5. 服务的长期性与分散性　社区中的慢性病患者、残疾人、老年人等服务对象需要社区护士为其提供定期家庭随访。另外，社区护理的服务对象居住相对分散，使得社区护士的工作范围更广。

本 章 小 结

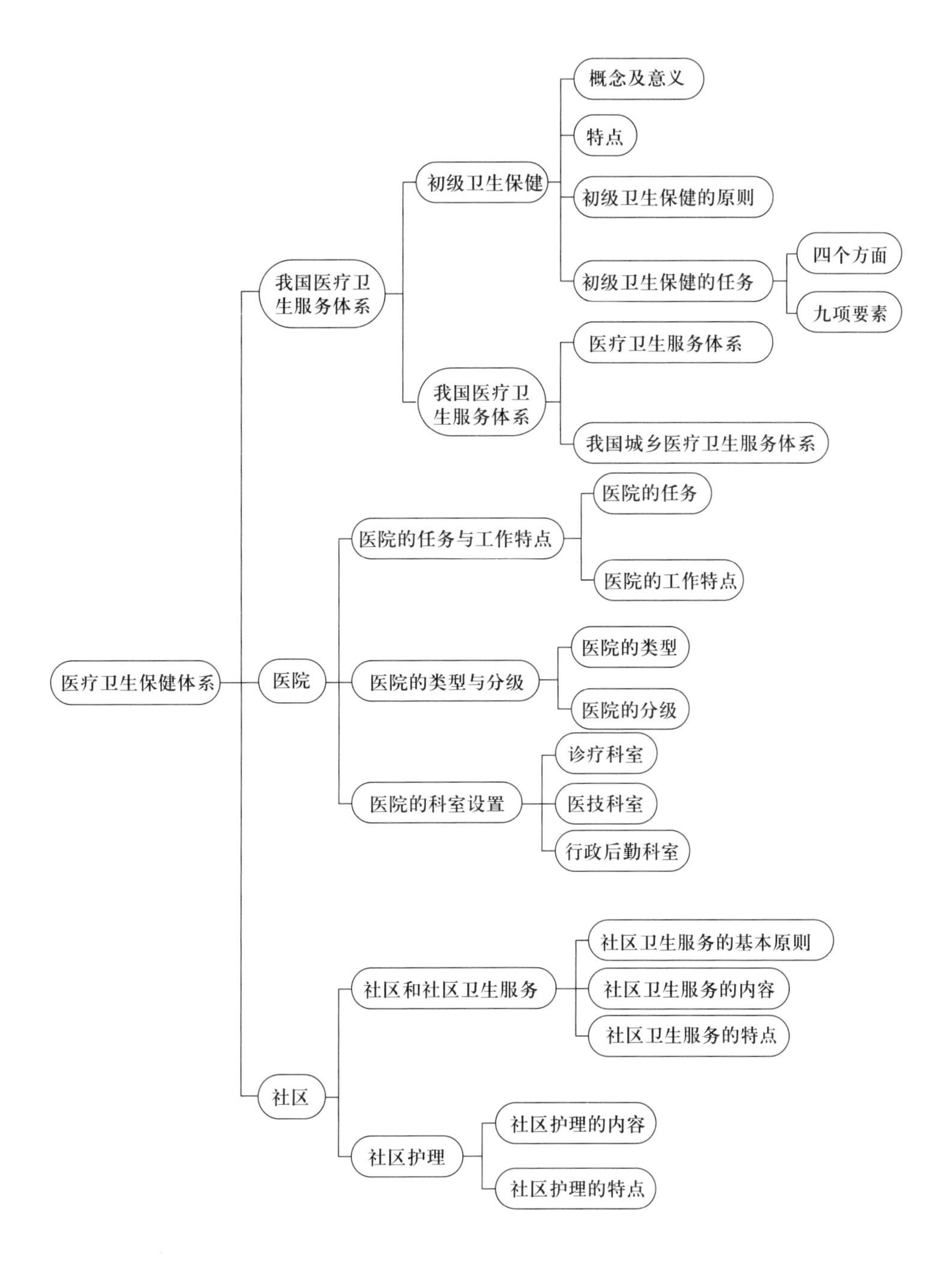
医疗卫生保健体系
我国医疗卫生服务体系
初级卫生保健
概念及意义
特点
初级卫生保健的原则
初级卫生保健的任务
四个方面
九项要素
我国医疗卫生服务体系
医疗卫生服务体系
我国城乡医疗卫生服务体系
医院
医院的任务与工作特点
医院的任务
医院的工作特点
医院的类型与分级
医院的类型
医院的分级
医院的科室设置
诊疗科室
医技科室
行政后勤科室
社区
社区和社区卫生服务
社区卫生服务的基本原则
社区卫生服务的内容
社区卫生服务的特点
社区护理
社区护理的内容
社区护理的特点

自 测 题

一、选择题

【A1/A2 型题】

1. 初级卫生保健的任务不包含（　　）

A. 健康促进　　B. 预防保健　　C. 合理治疗

D. 社区康复　　E. 急诊急救

2. 21 世纪医疗保健的主要力量是（　　）

A. 全科医生　　B. 护士　　C. 医疗卫生行政人员

D. 各级政府　　E. 以上都不对

3. 世界卫生组织的战略目标是 2000 年实现（　　）

A. 人人享有医疗保险

B. 人人享有健康

C. 人人享有卫生保健

D. 人人享有均衡的营养

E. 消灭烈性传染病

4. 下列陈述不符合医院特征的是（　　）

A. 医院的所有工作必须围绕患者进行

B. 医院的所有医疗卫生保健工作都是以医学科学技术为基础

C. 医院工作的随机性大、规范性强

D. 医院应合理竞争获取最大效益

E. 医院工作是脑力劳动和体力劳动相结合的复杂性劳动

5. 社区卫生护理的目的是满足患者及民众的（　　）

A. 医疗需求　　B. 高级卫生服务需求

C. 基本卫生服务需求　　D. 健康保健的各种需求

E. 居家养老

6. 小张早上在病房为患者进行会阴护理，保护患者隐私最恰当的方法是（　　）

A. 治疗时间不允许家属探视

B. 尽量不暴露患者的隐私部位

C. 需要暴露患者隐私部位时请其他患者和人员暂时离开

D. 在病床间或周围用窗帘遮挡

E. 以上都不是

【A3/A4 型题】

（7 ~ 8 题共用题干）

吴先生，60 岁，患有糖尿病 10 余年。在社区卫生服务中心就诊时突发晕厥，值班护士立即进行抢救，患者家属要求转往上级医院进一步治疗。

7. 医院种类按管理及医疗技术水平划分的是（　　）

A. 综合性医院　　B. 专科医院　　C. 个体所有制医院

D. 企业医院　　E. 一、二、三级医院

8. 医院的任务不包括

A. 教学工作　　B. 医疗工作　　C. 科学研究

D. 制定卫生政策　　E. 预防和社区卫生服务

（9 ~ 10 题共用题干）

罗女士，82 岁，为某企业退休职工。1 个月前因自发性脑梗死入住某三甲医院，经治疗后好转，现出院居家康复，四肢肌力稍低。

9. 社区医院对该类患者主要提供哪一类护理服务（　　）

A. 保健服务　　B. 健康管理　　C. 慢病管理

D. 临终关怀　　E. 康复服务

10. 以下不属于社区护理特点的是（　　）

A. 以促进和维护人的健康为中心

B. 较高的自主性和独立性

C. 以个体为服务对象

D. 综合性和协作性强

E. 服务的长期性与分散性

二、简答题

1. 卫生服务体系包括哪些？

2. 小王从某医科大学护理专业毕业后，选择到一家社区卫生服务中心工作。小王所在的医疗机构属于哪一类？主要服务内容有哪些？

（江　湖　张素琴）

第六章　护理相关理论与模式

学习目标

1. 解释系统、需要、压力的定义。
2. 说出系统理论、需要理论、压力与适应理论的基本内容。
3. 阐述马斯洛需要层次理论。
4. 学会应用系统理论、压力与适应理论、自理理论解决护理实践中遇到的实际问题。
5. 具有评估患者心理、人际关系、社会适应的能力，并能针对性地进行有效沟通，使患者身心处于一种最佳状态。

案例 6-1

患者男，59 岁，农民。吸烟史 35 年，近 1 年胸痛、咳嗽、咳痰、喘息明显，持续性痰中带血，消瘦，全身乏力。一日，大量咯血。入院查体，确诊肺癌晚期。患者得知病情后，情绪崩溃，常与家属发生争执，不配合医务人员的诊疗服务，坐立难安，睡眠障碍。

思考

1. 该患者的应激源是什么？
2. 该患者确诊后，他的反应属于哪种心理防御机制？

任何专业性学科的基础均建立在专业实践的知识体系中，这些知识可称之为理论。护理学作为一门独立学科，有着自己独特的护理实践基础。这些理论用科学的方式解释护理学的现象，并解决护理工作中的困境。每个理论的侧重点不同，这些理论相互补充、互为依托，丰富了我们对护理学的认识。不同的理论从不同的范畴，说明护理工作的性质和意义，阐明护理学的体系。

第一节　护理学相关理论

护理学相关理论包括系统理论、需要理论、压力与适应理论等，用以解释护理现象，为护理工作提供思路。护理学的相关理论建立了以理论为基石的护理价值观念，指导护理专业的发展，为护理科研、教学、实践提供了依据。

一、系统理论

（一）系统理论的概念

系统理论由创始人美籍奥地利理论生物学家路德维格·贝塔朗菲（Ludwing von Bertalanffy）于20世纪20年代提出，在20世纪60年代得到广泛发展，其理论渗透到自然、生物、社会、心理、医学等多个学科领域。在护理学维度，促进了整体护理的思想形成，是护理程序的理论基础。系统是由多个相互联系、相互作用、相互依赖的要素所组成的具有一定结构和功能的整体。系统的意义包括：一是，系统内包含各自独立和各有功能的要素；二是，系统内的每一要素相结合后，形成新的整体，具有新的作用。

（二）系统的分类

1. 按组成系统的要素性质分类　系统可分为自然系统和人为系统。自然系统是自然形成、客观存在的系统，如宇宙系统、太阳系统、人体系统等。自然系统的特点是不具有目的性。人工系统是为了达到某种特定的目的而人为建立的系统，如计算机操作系统、护理质量管理系统等。在现实生活中，大多数系统是由自然系统和人工系统综合而成的复合系统，如医疗系统、教育系统等。

2. 按系统的运动状态分类　系统可分为动态系统和静态系统。动态系统是系统的状态随时间的变化而变化，如生态系统、社会系统、人体系统等。静态系统是不随时间变化而变化的系统，相对具有稳定性，如建筑系统。静态系统只是动态系统的一种相对静止状态，而绝对静止的系统是不存在的。

3. 按组成系统的内容分类　系统可分为物质系统和概念系统。物质系统是物质实体所构成的系统，如机械系统。概念系统是由非物质系统构成的系统，如理论系统。大多数情况下的系统是由物质系统和概念系统整合而来的。

4. 按系统与环境的关系分类　系统可分为封闭系统和开放系统。封闭系统是不与外界环境进行物质、能量和信息交换的系统，又称孤立系统。绝对封闭系统是不存在的，封闭只是相对和暂时的。开放系统是与外界环境不断地进行物质、能量和信息交换的系统，如生命系统、医疗系统和教育系统等。开放系统与环境的交换是通过输入、转换、输出和反馈四个环节完成的（图6-1）。输入是物质、能量和信息由环境流入系统的过程；转换是系统对输入的物质、能量和信息进行加工、处理、吸收的过程；输出是系统流入环境的过程；反馈是输出系统对系统内部再次输入的影响，即输出对输入的反作用。开放系统正是通过这个过程来保持与外界环境的协调与平衡，维持自身的稳定。

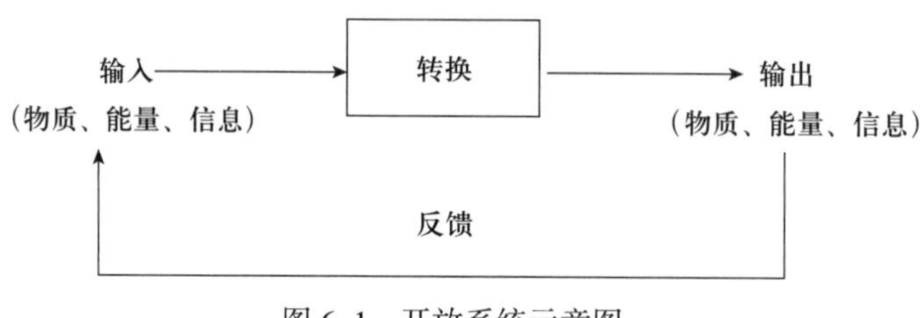

图6-1　开放系统示意图

（三）系统的基本属性

虽然各个系统的组成要素各不相同，其表现出的形式和样式各有特征，但是也有其共同的基本属性。系统的基本属性包括了整体性、相关性、层次性、动态性和目的性。

1. 整体性　整体性是系统理论的基本属性。系统的整体性表现为系统的整体功能大于系统各要素功能之和。系统是在一定的条件下，由不同要素以一定的方式有机地结合并组成一个整体，每个要素又有其独特的特点。当各要素以一定方式有机地组织起来，构成一个整体时，各要素便产生了孤立要素所不具备的整体功能。例如人体是由各个组织、器官组成的，具有吃饭、睡觉、喝水等生物学属性，又具有情感交流、学习等社会学属性。因此，系统的整体功能大于且不同于各要素功能之和，且系统的各组成部分不具有或不能代表系统总体的特性。以人的健康为中心的护理照护中，需要将人视为一个整体，通过对系统、要素、环境之间的关系进行辩证分析，探析健康与环境的关系，为患者提供优质的护理照护服务。

2. 相关性　系统的相关性指系统各要素之间相互联系、相互影响、相互制约，其中任何一个要素的性质或功能发生变化，都会影响其他要素甚至整体功能的变化。如某人因考试等心理压力过大，造成食欲缺乏、睡眠障碍，影响正常生理需要。

3. 层次性　系统是具有复杂层次的有机体，组成系统的各要素具有相应的结构和功能，各要素是该系统的子系统，该系统本身又是更大系统的子系统，各系统之间相互联系，又相互独立。如一个学生是班级的子系统，很多学生构成一个班级，那么，班级对本班学生来说就是超系统，但该班级对学校而言，又是其中的一个子系统。系统各层次间存在隶属关系，由高层次主导低层次的功能，而低层次从属于高层次，属于高层次的基础框架。

4. 动态性　系统的发展是一个有方向性的动态过程，随着时间的变化而变化。系统在与环境进行物质、信息和能量交换的同时，不断进行调节，使内部结构达到最佳的功能状态，以适应环境变化，保持自身平衡与稳定。

5. 目的性　系统的目的性是由各个系统自身特定的结构和功能决定的，不同的系统有不同的目的。系统的结构是根据其功能和需要设立各个子系统，并建立各个子系统之间的关系。如医疗系统的目的是救死扶伤、防病治病。

（四）系统理论在护理实践中的应用

1. 系统理论是护理理论的发展依据　护理工作是建立在开放系统中的科学工作过程，其顺利开展依赖于许多理论基础。系统理论就是其中之一。系统理论是许多护理理论的建立基础，如罗伊的适应模式、纽曼的健康系统模式等，都以系统理论为基本理论框架，为整体护理实践提供可靠的理论支持，为科学的护理实践提供理论指导。

2. 系统理论是护理程序的基本理论框架　护理程序包括护理评估、护理诊断、护理计划、护理实施和护理评价五个步骤，是为患者提供科学和系统的护理照顾的一种工作方法。护理程序是一个开放系统，是在系统理论的基础上形成的，是现代护理学的核心。护士通过评估患者的健康信息，收集信息，根据专业知识做出护理诊断，拟订护理计划并实施（转换）过程，观察实施效果并给出评价，判断预期目标达成情况，进行信息反馈，根据评价对计划进行继续、修订、停止等处理，指导护理活动的方向，直到患者达到预期的健康目标。

3. 系统理论是整体护理理念产生和发展的基础

（1）人是一个整体：根据系统理论的观点，人是一个由多要素组成的系统，是一个整体，由生理、心理、社会、文化等多要素、多层次的次系统组成，各个要素之间相互影响、相互作用，其中任何一个要素发生改变，都会引起其他次系统乃至整个系统发生变化。因此，在护理实践中，护士在照护患者时，应重视人的整体性，不仅要提供疾病护理，还应注重收集患者生理的、心理的、社会适应的动态信息，为促进康复、维持健康提供保障，即整体护理。

（2）人是一个动态开放的系统：人生命活动的基本目标是维持其内外环境的稳定和平衡，机体不断地与外环境（自然环境和社会环境）进行物质、能量、信息的交换，系统内部各要素之间做出适应性、持续地相互调整，使机体适应环境，维持内外环境的平衡，维持生命健康。因此，在护理实践中，既要调整患者机体内部系统，使其适应环境，又要调整周围环境，减少其对机体的影响，促使机体功能更好地运转，维持生命和健康。

4. 系统理论是护理管理的理论支持　护理系统包括临床护理、护理科研、护理教育等子系统，同时，护理系统又是医疗整体系统的其中一个子系统，与其他子系统（如医疗、医技、行政等）相互联系、相互作用。因此，护理管理者必须运用系统的方法使各要素之间互相协调，调整各部门之间的关系，不断优化护理结构，发挥护理系统的最大效益，使管理系统高效且合理地运行，提高人们的健康水平。

二、需要理论

（一）需要理论的概念

需要（needs）是生命的一种本能反应，是机体对生存与发展的依赖表现，是个体和社会的客观需求，是个体行为的力量源泉。当需要得不到满足时，个体容易陷入紧张、难过和焦虑等情绪中，影响个体的身心健康。人类为了生存和发展，满足需要是人类各种行为和动机产生的基础。如果需要得不到满足，就会影响人的健康。人的需要受内外环境的影响，每个人的需求不尽相同，但基本需要是人类共有的。为了更好地阐释和说明这一点，哲学家、社会学家和护理学家从不同角度探讨了人的基本需要，形成了各种需要理论，其中最具有影响力、应用最广泛的是美国心理学家马斯洛（Maslow AH）的人类基本需要层次理论。

（二）需要层次理论的内容

马斯洛认为人的基本需要影响着人类行为，而人的基本需要有高低之分，按重要性和发生的先后次序，由低到高可分为5个层次，可用金字塔形状加以表述（图6–2），从而形成了著名的人类基本需要层次理论。

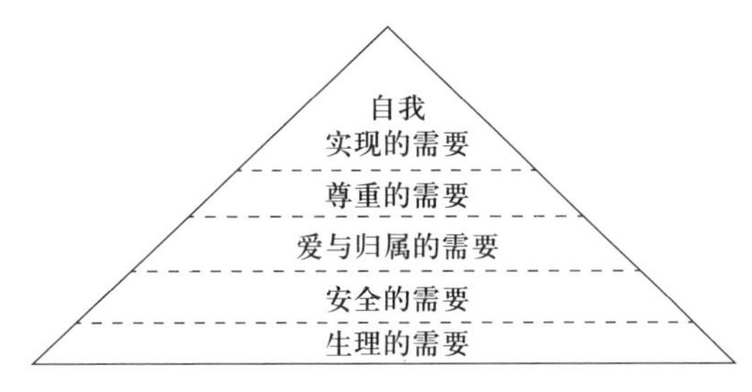

图 6-2 马斯洛的人类基本需要层次理论示意图

1. 生理的需要（physiological needs） 生理的需要是人类最原始、最低层次、最基本的需要，包括对空气、水、食物、排泄、休息、睡眠等的需要，概括为五个字：衣、食、住、行、性。生理需要是其他需要产生的基础，也就意味着，在满足其他需要之前，首先应该满足生理需要，当生理需要得到满足后，个体才会产生更高层次的需要。如果基本的生理需要得不到满足，人类的生存将会受到影响。

2. 安全的需要（safety needs） 安全的需要滞后于生理的需要，当生理的需要得到满足后，安全的需要将会变得强烈。安全的需要包括生理安全和心理安全。生理安全是个体需要处于一种生理上的安全状态，以防范身体受到伤害或潜在伤害的威胁，如行动不便时，拄拐行走；心理安全是个体需要心理上的安全感，避免心理处于焦虑、害怕和恐惧等情绪中，如人们更喜欢熟悉的地方和熟悉的味道。

3. 爱与归属的需要（love and belongingness needs） 爱与归属的需要是第三层次的需要，包括给予和得到两方面，即个体需要去爱别人和接纳别人，同时需要被别人爱和接纳，与他人建立良好的社会关系。爱与归属的需要得不到满足时，个体容易产生孤独感。

4. 尊重的需要（esteem needs） 尊重的需要是第四层次的需要，是个体对自己尊严和价值的追求，有双重含义——自尊与他尊。自尊是个体渴望自我独立、有价值、自由、自信，视自己是一个有价值的人，是人类积极心理的根源；他尊是个体受他人尊敬，希望得到他人的认同和重视。

5. 自我实现的需要（needs of self-actualization） 自我实现是最高层次的需要。自我实现的需要是个体需要充分发挥自己的才能与潜力，实现自己在工作和生活中的理想和期望的需要，并从中得到满足。它一般是在其他需要获得基本满足后，才会变得强烈。自我实现的需要在满足程度和满足方式上有很大的个体差异。

（三）需要层次理论的基本观点

1. 需要的满足有层次性 五个层次的需要是人类普遍存在的，需要满足由低到高，按层次顺序逐渐上升。生理需要是最低层次的需要，也是人类必备和基本的需要，应优先得到满足。生理需要被满足之后，更高层次的需要才会出现。但这不是绝对固定的，个体的需要也可能出现颠倒。

2. 需要得到满足的时间不同 一般情况下，生理需要是人类生存所必需的最基本、最重要的需要，但在生理需要的诸多要素中，满足的时间根据具体情况也应区分轻重缓急，维持生存所必需的低层次需要必须立即和持续地得到满足。如呼吸困难的患者，同时存在情绪焦虑，解决呼吸困难、给予患者吸氧是首要措施，必须首先满足供氧，否则将会直接威胁人的生存，而爱与归属、尊重、自我实现的需要等在此情况下可暂缓满足。

3. 各需要之间相互影响、相互重叠　各层次需要间可相互影响，有些高层次需要并非生存所必需，但其满足可促进生理功能更加旺盛，生活质量更高。如爱与归属的需要没有得到满足，会引起焦虑、不安等情绪，影响食欲和睡眠，间接地影响生理需要的满足。各层次的需要可重叠出现，甚至出现颠倒现象。较高层次的需要得到满足后，低层次的需要也不会因此而停止，只是低层次需要暂时不属于主要需要。因此，同一时期内个体存在多种需要。由于个体对各需要满足的要求不同，某些情况下个体会优先满足高层次的需要。

4. 越高层次的需要满足的方式差异越大　人们对低层次需要，如食物、空气、睡眠等生理需要满足的方式基本相同，但随着需要层次的不断提高，对尊重、自我实现等较高层次需要的满足方式，因个人的性格、受教育水平和社会文化背景等的不同会有很大的不同。

5. 基本需要满足的程度与健康状况成正比　生理需要的满足是生存和健康的前提条件，高层次需要并非生存所需，但却反作用于生理需要。也就意味着，当一个人的基本需要大部分得到满足时，将处于一种平衡的健康状态；反之，基本需要不被满足，个体就可能陷入不良情绪中，影响健康。

（四）需要层次理论在护理实践中的应用

1. 帮助识别患者未满足的需要　护士可以根据需要层次理论观察和判断患者未满足的需要，也有助于护士设法采取护理措施去解决患者存在的问题，同时更好地理解患者的言行，服务于患者未满足的需要。

（1）生理的需要：疾病常使患者各种生理需要得不到满足，如睡眠不足引起患者疲劳，排泄困难引起患者便秘，营养障碍引起患者肥胖或消瘦等。了解患者的这些基本需要，及时采取措施处理患者的需要是护理工作的重点。

（2）安全的需要：人体在患病时安全感会降低，尤其是在不熟悉的医院环境里，担忧疾病预后，恐惧各项诊疗措施。医院应提供舒适、安静、安全的住院环境。护理人员应根据患者的情况，评估其对于安全的需要，通过入院宣教等方式，使患者熟悉医院环境、自己的管床医生和管床护士，了解自己的疾病、诊疗措施等，以保障患者的安全需要。

（3）爱与归属的需要：患者患病时，更需要亲属、朋友和周围人的关爱和理解。护理人文关怀是满足患者爱与归属的重要方式，护士应用爱心、耐心、责任心呵护患者，鼓励患者多与亲属沟通，避免患者产生孤独感。

（4）尊重的需要：患者在诊疗过程中，医务人员应对患者保持公共人际交往的尊重和诊疗操作中对患者隐私、知情同意等方面的尊重。大部分患者患病后，常常因为某些能力下降而降低自尊感，如瘫痪的患者担心自己成为家人的负担，害怕被他人轻视等。因此，护士应注重患者尊重的需要。尊重患者的隐私，与病情相关的信息应保密；涉及隐私部位操作时，应拉上屏风或窗帘；所有操作都应尊重患者的意愿，在取得患者的知情同意后再行操作；尊重患者的个人生活习惯等。

（5）自我实现的需要：个体患病后各种能力将会受到一定限制，尤其是重症患者，如呼吸衰竭、心功能不全、重症肌无力等会严重影响患者的自我实现。因此，护士应帮助患者，根据病情重新定位，选择合适的目标，为满足患者自我实现的需要而努力。

2. 帮助系统地评估患者的健康问题　需要层次理论可以作为护士评估患者资料的理论框架，护士可以根据患者的需要，收集和整理资料，预测患者的需要，识别患者需要的层次，选择提供护理的最佳方式。

3. 帮助制订护理计划的优先顺序　护士依据马斯洛基本需要层次理论，确定护理问题的轻、重、缓、急，按优先次序制订和实施护理计划，便于为患者提供最优化的护理措施。如遇到急危重症时，护士应优先解决患者的生理需要，如保持患者呼吸通畅、止血、维持有效循环等。

4. 指导满足患者基本需要的方式

（1）直接满足需要：对于完全不能自行满足需要的患者，护士应及时采取有效措施，给予他们帮助，满足患者的基本需要。

（2）协助满足需要：对于能够部分自我满足需要的患者，应注意补充患者的需要，提供协助性的帮助和支持，同时鼓励患者最大限度完成自我护理，提高患者的自理能力。

（3）间接满足需要：对于基本能够满足自我护理需要，但缺乏专业知识和专业技术的患者，护士应通过健康教育等方式帮助他们促进自护能力的提升，间接地满足其需要。

三、压力与适应理论

（一）概述

1. 压力（stress）　又名应激或紧张，是个体对作用于自身的内外环境刺激做出认知评价后，产生的一系列非特异性的生理、心理紧张性反应过程。压力具有双重作用，既有积极作用，又有消极作用。

2. 压力源（stressor）　又称为应激源，指任何能使个体产生压力反应的内外环境的刺激因素。压力源按性质可以分为四类：

（1）躯体性压力源：是对个体直接产生刺激作用的各种因素，包括生理病理因素、理化因素、生物因素等，如手术、外伤、月经、妊娠等。

（2）心理性压力源：是来自大脑中的紧张信息（认知和情绪波动）产生的压力源，如担忧、害怕、挫败感、工作难以承担等。

（3）社会性压力源：是因各种社会现象及人际关系产生的压力源，如疫情、地震、失业、人际关系冲突等。

（4）文化性压力源：是文化环境改变产生的压力源，如从熟悉的文化环境到陌生的文化环境中，由于没有安全感，出现的紧张、焦虑、抑郁等不适应的心理反应。

3. 压力反应（stress response） 是机体在对压力源作用下所产生的一系列非特异性身心反应。压力反应主要表现在以下四方面：

（1）生理反应：机体在压力状态下，通过神经系统、内分泌系统、免疫系统等的变化来影响机体内环境的平衡，异常时出现器官功能障碍，如心率加快、呼吸加快、血压升高、肌张力增强等。

（2）心理反应：主要包括认知反应、情绪反应和行为反应。

1）认知反应：在压力源作用下，个体心理认知能力发生改变，产生积极或消极两种认知反应。适度的压力使人产生积极的心理反应，增强解决问题的能力，如急中生智。压力过大，容易产生消极的心理反应，使人的认知能力下降，如思维迟钝。

2）情绪反应：情绪是人对客观事物的内心体验，包括积极情绪和消极情绪。积极情绪主要有开心、欣慰、放松等；消极情绪主要有焦虑、恐惧、愤怒等。积极情绪有利于机体健康，反之，消极情绪容易导致机体受损。在压力源作用下，容易导致消极情绪的产生。

3）行为反应：在压力源作用下，个体对自身行为的控制力降低甚至丧失，出现重复性动作、行为紊乱等症状。压力过大时，个体对行为的控制能力就表现为回避反应、退化与依赖、物质滥用等。

4. 对压力的适应

（1）适应的概念：适应（adaptation）是压力源作用于机体后，机体为保持内外环境的稳定所做出的调整。适应是生物体最基本的特征。机体面对压力源时，若调节适应顺利，身心健康状态就能得以维持或恢复；若出现适应障碍，机体会处于亚健康或疾病状态。

（2）适应的层次：人作为社会性生物体，其适应能力较其他生物体更为复杂，包括生理、心理、社会文化及知识技术四个层面的适应。四个层面互相作用、互相影响。

1）生理层次：机体通过调整体内的生理功能来适应外环境变化。①代偿性适应：当外界对机体的需求增加或改变时，机体就会做出代偿性的变化。如长期生活在平原地区的人，突然来到高原地带，机体可能会出现高原反应，但经过一段时间后，这些反应就会逐渐减轻。②感觉适应：指人体由于某种固定情况的连续刺激而引起感觉强度的减弱。如从明亮的地方进入暗室，需要一定时间才能看清楚周围环境，即产生暗适应。

2）心理层次：人遭受心理压力时，通过主动调整自己的心态而认识压力源，应对压力，恢复心理平衡。如晚期癌症患者逐渐接受自己的病情，并理性面对生死。

3）社会文化层次：调整自己的个人行为举止，使之与社会规范或不同文化习俗相协调。如遵守法律法规、入乡随俗等。

4）知识技术层次：人们通过掌握知识技术，改变周围环境，创新科学技术，控制自然环境中的压力源。如学习使用智能手机。

（二）塞利的压力与适应理论

汉斯·塞利（Hans Selye），加拿大生理学家，被称为“压力理论之父”。塞利于 1936 年提出压力的概念，并对此进行了广泛的研究，于1950年著成第一本代表作《压力》(又称为《应激》)，其压力理论对全世界压力研究产生了重要影响。其主要观点包括以下三个方面：

1. 关于压力　塞利认为，压力是机体应对任何刺激所产生的非特异性反应。当任何刺激打破平衡时，机体总会设法调节自身状态去适应改变，以保持机体的平衡状态。

2. 关于压力反应　塞利主要从生理反应角度解释了机体面对压力所产生的反应。机体面临压力源时，出现的反应包括全身适应综合征（general adaptation syndrome，GAS）和局部适应综合征（local adaptation syndrome，LAS）。全身适应综合征（GAS）即压力源作用于机体时，机体作出的全身反应，如失眠、疲乏无力等；局部适应综合征（LAS）指某一器官或局部组织对压力源产生的反应，如鼻塞、水肿等。

3. 关于压力反应过程　塞利认为机体对压力的反应分为警觉期、抵抗期和衰竭期。

（1）警觉期：机体在压力源刺激下，激活交感神经，引起警觉反应，出现包括内分泌增加、心率加快、血压上升、瞳孔扩大等反应。

（2）抵抗期：压力源持续刺激，机体进入抵抗状态，以副交感神经兴奋，人体对压力源的适应为特征。机体的防御能力与压力源相互作用，互相抗衡。抗衡结果：一是机体对抗压力源成功，内环境重建平衡；二是机体对抗压力源失败，压力源持续作用，机体进入第三反应阶段。

（3）衰竭期：压力源过强或持续性刺激机体，机体适应性能量耗竭，处于失代偿状态，机体无力对抗压力源，警觉期症状再次出现，但已不可逆，不良反应出现，并刺激机体，器官出现功能障碍、衰竭，甚至死亡。

（三）压力与适应理论在护理实践中的应用

在护理实践中，压力源无处不在。它既有益于机体健康，也可损害机体健康。护士根据塞利的压力与适应理论认知和评估患者和护士所面临的压力源，帮助其正确面对压力，实现自我适应与帮助患者适应压力，以维持机体健康。

1. 患者的压力及适应

（1）患者的压力源分析

1）环境陌生：患者对住院环境和医务人员不熟悉，对医院管理制度不了解。

2）疾病威胁：患者所患疾病属于疑难杂症，或者诊疗后遗症多，这些都容易使患者产生压力。

3）丧失自尊：患者因为患病导致自理能力下降或消失，自尊会不同程度受损。

4）角色适应不良：个体担负着不同社会角色，入院后可能存在角色强化、角色缺如、角色冲突、角色消退、角色异常等角色适应不良的表现，不利于配合诊疗，影响治疗效果。

5）脱离外界环境：患者脱离了熟悉的生活环境和人际关系，与外界中断了联系。

（2）患者的压力源应对

1）促进患者环境适应：护士在患者入院时，主动介绍医院环境及各项规章制度，营造良好的社会环境和人际关系氛围，帮助患者适应医院环境。

2）及时提供诊疗信息：护士通过向患者介绍诊疗情况，提升患者对诊疗的认知，帮助患者消除不必要的顾虑。

3）采取积极的心理支持：护士应注重对患者的心理护理，尊重患者，及时满足患者的需要。

4）指导患者恰当应对：护士应协助患者进入患者角色，指导患者诊疗配合要点，告知患者诊疗目的和注意事项，促进患者早日康复。

5）调动社会支持系统：护士应真诚、细心、耐心地为患者进行护理，指导患者及时疏导心理压力，鼓励患者主动与家属沟通，维系良好的社会支持系统。

考点提示

患者常见的压力源包括哪几个方面？

2. 护士的压力及适应

（1）护士的压力源分析

1）繁重而紧张的工作：护士在工作中常常需要面对各种问题，如急症抢救、新技术开展以及各种职业病的威胁。患者病情多变，护士必须及时进行观察，并做出反应。随着医疗护理技术的发展，护理岗位要求护士及时更新知识和技术。

2）人际关系复杂：护理工作中的人际关系包括护患关系、医护关系、护理人员之间的关系、护士与家属的关系等。护理人员在面对患者时，每个患者都有不同的特殊生理、心理、社会文化需求，这些都会增加护理人际关系的复杂程度，增加护士的工作压力。医护工作中的协调、矛盾及冲突，也会使护士产生压力。

3）高风险的工作性质：医院环境对护理人员产生许多不良刺激，导致护理人员被感染的可能性大。医院是病原微生物的聚集地，护士客观上面临被感染的损害；当前医患关系中，患者维权意识较强，使护理工作面对较高风险。

（2）护士的压力源应对

1）树立正确的职业价值观：加强护理人员的继续教育培训，钻研专业学习，不断进步；学会理性生活，培养专业兴趣；正确认识压力，有效面对压力源；实施个人健康管理。

2）应用放松技巧：工作之余，积极参与业余活动，增添个人生活情趣；学会自我调节，寻找不良情绪的发泄方式，及时释放压力。

3）妥善处理人际关系：设法积极应对，妥善处理护理工作中的各种人际关系。

4）调动社会支持系统：面对压力无法排解时，及时寻求家属、朋友、同事的帮助，寻求主管部门和领导的支持。

第二节　护理学基本理论

护理学的基本理论是在护理实践中，对护理工作的本质和规律的总结。这些理论与模式能提高护理人员对护理专业的认知程度，培养护理人员发现护理问题和解决护理问题的思维，提高护理人员的专业能力，指导护理人员进行科学的临床实践。常用的护理学基本理论包括：奥瑞姆的自理理论、罗伊的适应模式、纽曼的健康系统模式。

一、奥瑞姆的自理理论

（一）奥瑞姆自理理论的基本内容

自理理论（theory of self-care）由美国护理学家奥瑞姆于 1971 年首次提出，1991 年与同事共同完成。自理模式包括三个结构：自理结构、自理缺陷结构及护理系统结构。自理是个体为维持生命健康、维持生长发育的需要和各器官组织功能完好，所采取的一系列自发性活动，主要是有意识地通过学习和培养而习得的能力。奥瑞姆的自理理论已成为护理教育、护理实践、护理管理和护理研究的主要模式之一，并在护理实践中得到了广泛应用。

1. 自理结构　在自理结构中，奥瑞姆阐述了人是具有自理能力的自理体，每个个体都有自理的需要，这些需要因个人的健康状况及生长发育阶段的不同而不同。自理能力是人所具有的从事自我照顾的能力。自理能力与年龄、发展情况、生活经历、社会文化、健康状况以及可得到的条件相关，人们通过学习不断地提高和发展自己的自理能力。在特定时期内，个体为满足自我照顾需要而采取的活动，称为自理需要。自理需要包括一般性自理需要、发展性自理需要和健康欠佳时的自理需要。

（1）一般性自理需要：一般性自理需要是与生命过程和维持人的结构、功能的整体性有联系的，是所有人在生命周期的各发展阶段都需要的一些直接提供自我照顾的活动，包括摄入足够的空气、食物和水，维持休息与活动的平衡，避免有害因素对身体的刺激，维持良好的排泄，满足社会交往的需要，促进人的整体功能与发展的需要。

（2）发展性自理需要：发展性自理需要是在生命发展过程中各阶段特定的自理需要，以及在某种特殊情况下出现的新的需求。如婴幼儿期的预防接种，失学后的心理调适，乔迁后对环境的适应等。

（3）健康欠佳时的自理需要：健康欠佳时的自理需要是个体在患病、受伤或诊疗过程中产生的自理需要。如腿部骨折需要持拐杖行走。

2. 自理缺陷　自理缺陷是奥瑞姆自理模式的核心，主要阐述了人什么时候需要护理。奥瑞姆认为在某一特定时间内，个体有特定的自理能力及自理需要，当个体的自理需要超过了自理能力时就出现了自理缺陷。自理缺陷包括三种情况：自理能力有缺陷或受限；个体的自理能力低于自理需要；个人的自理能力不变，但自理的需要增加。当一个人出现自理缺陷时就需要护理照顾，即由护士通过护理干预，采取各种措施来帮助其弥补出现的自理缺陷（图 6-3）。

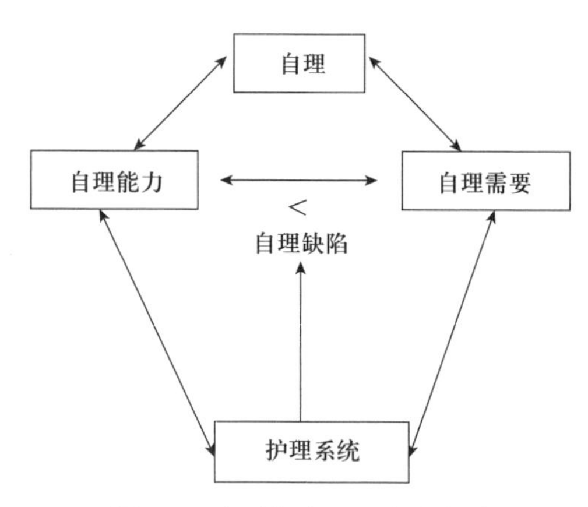

图 6-3　奥瑞姆自理理论示意图

3. 护理系统理论　护理系统理论主要阐述了如何调整和激发个体进行自我护理的能力，满足个体的治疗性自理需要，并根据患者的治疗性自理需求和自理能力选择三种不同的护理系统，即完全补偿系统、部分补偿系统和支持 – 教育系统。

（1）完全补偿系统：当患者完全丧失自理能力或自理能力绝对受限而不能满足治疗性自理需要时，需要护士给予全面的帮助。如昏迷、全麻后未清醒；意识清醒，了解自己的自理需求，但由于治疗需要或者生理上无法满足自理的患者；精神障碍，无法正确判断和决定自己的自理需要的患者。护士要针对这几类患者的活动提供全面帮助，满足患者在氧气、水、营养、排泄、个体卫生、活动以及感官刺激等各方面的需要。

（2）部分补偿系统：有能力满足部分治疗性自理需求，但某些方面缺乏自理能力或因治疗需要不能自理的患者。如近期手术后的患者。护理活动包括为患者实施一些自理活动、补偿患者自理方面的不足、根据患者需要予以帮助、调整患者的自理能力。

（3）支持 – 教育系统：患者几乎能满足治疗性自理需求，但完成某些活动需要护士在心理上的支持、技术上的指导、教育及提供促进发展的环境，学习自理的方法，以满足自理的需要。如糖尿病患者学习胰岛素的自我注射法等。

（二）奥瑞姆自理理论的四个基本概念

1. 人　奥瑞姆认为人是一个具有生理、心理、社会及不同自理能力的整体，有学习和发展的潜力，有表达自己的体验，具有思维和与人交流的能力。人不是通过本能而是通过学习来达到自理的。

2. 健康　奥瑞姆支持 WHO 的健康定义，认为健康不只是没有疾病，还包括良好的生理、心理和社会适应能力。健康与疾病处于动态发展之中，健康是一种最大限度的自理。

3. 环境　奥瑞姆认为“环境是存在于人的周围并影响人的自理能力的所有因素”，包括理化环境和社会文化环境。个体与个体之间是一种共处的关系，个体应对自己以及依赖者的健康负责，接受他人的帮助及帮助他人。人利用各种技能去控制环境或改变环境，以满足自理需要。不能满足自理需要的人，需要他人提供帮助，因此自我帮助和帮助他人都是对社会有价值的活动。

4. 护理　护理是克服和预防自理缺陷发生、发展的活动，是帮助患者获得自理能力的过程。护理活动应根据患者的自理需要和自理能力缺陷程度而定，随着个体自理能力的增强，对护理的需要逐渐减少甚至消失。因此，护理是一种助人的方式。

（三）奥瑞姆自理理论在护理实践中的应用

奥瑞姆的自理理论被广泛应用于护理实践中，将自理理论与护理程序结合，认为护理程序可分为三个步骤。

1. 评估和诊断患者的自理能力和自理需要　通过收集资料，评估患者的自理能力和自理需要，发现患者存在的自理缺陷及导致自理缺陷的原因，从而确定采取的护理措施，以满足患者的自理需要。在此阶段，奥瑞姆强调评估患者及家属的自理需要和自理能力，判断患者存在的自理缺陷，调动他们的主观能动性，促使他们积极参与护理活动，使患者能够尽早自理。

2. 设计及计划护理方案　根据第一步的结果，护士在全补偿系统、部分补偿系统和辅助–教育系统中选择一个恰当的护理系统，结合患者治疗性自理需要，为患者制订详细的护理计划，以达到增强患者自理能力的目的。

3. 护理系统的产生和管理　护士根据预定方案对患者实施护理，评价护理结果。在执行过程中，护士要不断地观察患者的反应，以评价护理效果，再根据患者的自理需求和自理能力调整所选择的护理系统，修改护理方案，最终协调和帮助患者提高自理能力。

二、罗伊适应模式

（一）罗伊适应模式的基本内容

护理理论家卡利斯塔·罗伊（Callista·Roy）提出了适应模式。适应模式强调人是一个整体性适应系统，能不断适应内外环境的变化，以维持自身的完整。该模式有利于护士评估患者的刺激源及机体适应反应情况，及时提供护理，帮助患者有效控制或适应刺激。罗伊认为，人作为一个系统，始终处于内部和外部的各种刺激中，需要不断从生理、认知方面进行调节，以适应内外环境的变化。每个人应对环境刺激的适应水平有所不同，即使是同一个人，在不同时期，适应水平也会存在差异。适应模式围绕人的适应行为，描述人对内外环境刺激因素的适应情况。罗伊适应模式是由输入、控制、效应器、输出和反馈五部分组成的（图 6–4）。

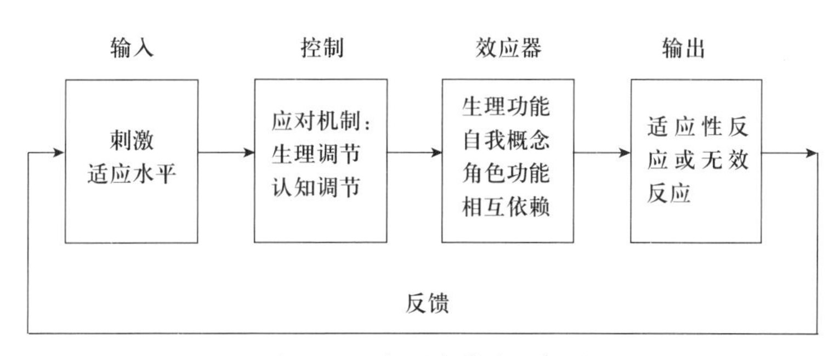

图 6–4　罗伊适应模式示意图

1. 输入

（1）刺激（stimulus）：罗伊认为刺激是能够引起患者某种反应的内部或外部的任何事物，包括主要刺激、相关刺激和固有刺激。主要刺激是需要机体立即做出适应反应的刺激；相关刺激是在当时对机体有影响或起到诱发性作用的刺激；固有刺激是个体存在的一些不易被观察和测量的、可能与当时情况有一定联系的刺激。

（2）适应水平（adaptation level）：适应水平因人而异，适应能力与个人当时所处内外刺激有关。人的适应水平在一定范围内波动，如果刺激未超过机体的适应限度，机体可能适应；否则，不能适应。

2. 控制　控制又名应对机制（coping mechanisms），是指机体对内外环境的刺激做出的应对反应过程，由生理调节和认知调节构成。

（1）生理调节：人先天具备的应对机制，通过神经－化学－内分泌过程调节与控制个体对刺激的自主性反应。如伤口出血，血小板就会聚集凝固。

（2）认知调节：人后天习得的应对机制，可通过大脑皮质接受信息，经过加工、学习、判断、情感控制等过程，对刺激和行为进行调节与管理。如人遇到不幸事件时的否认心理。

3. 效应器（effectors）　效应器是通过生理调节和认知调节后的具体适应活动和表现形式，包括生理功能、自我概念、角色功能、相互依赖四个方面。

（1）生理功能：应对刺激机体从生理层面做出的反应，其目的是保持生理功能的完整，如氧气、排泄、休息、皮肤完整性等。

（2）自我概念：个人在特定时间段内对自己的看法和感觉，包括躯体自我和人格自我。躯体自我即人对自身的感觉和身体形象；人格自我即人的自我理想或期望、伦理道德感等。自我概念是一个有机的认知结构，由态度、情感、信仰和价值观等组成，贯穿整个经验和行动，并组合了个体表现出的各种特定习惯、能力、思想、观点等。

（3）角色功能：描述个人在社会中所承担角色的履行情况，角色功能起到保持人的社会功能完整性的作用。如角色适应、角色冲突等。

（4）相互依赖：指人与其重要关系人或支持体系的相互关系，如爱、尊重、分离性焦虑、孤独等。

4. 输出

（1）适应性反应：人能适应刺激，并维持自我的完整性，促进个体的生存、生长、繁衍和自我实现的需要。

（2）无效反应：人不能适应刺激，自我完整性受损，无法满足个体生存、生长、繁衍和自我实现的需要。人面对刺激时能否做出有效的反应，取决于其所具有的适应水平和所接受的刺激的强度。全部刺激作用于适应范围以内，输出的将是适应性反应；若刺激作用于适应范围以外，输出的将是无效反应。

5. 反馈　适应性反应和无效反应会作为新的刺激反馈到人体再适应。

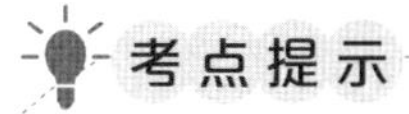

输入、控制、效应器、输出的护理实践应用

（二）罗伊适应模式中的四个基本概念

1. 人　人作为患者，是具有很强适应能力的复杂的生命系统，能与周围环境进行物质、信息、能量交换的开放系统，并能通过应对机制，持续不断地适应周围的环境变化，以保持人的完整性。因而，人是一个适应系统。

2. 健康　健康是人的功能处于对刺激的持续适应状态，成为一个完整和全面的人的状态和过程。适应是生命最卓越的特征，是健康的一种表象。人的完整性表现为有能力达到生存、成长、繁衍、主宰和自我实现的目的。

3. 环境　环境是"围绕并影响个人或群体发展与行为的所有情况、事情及影响因素的综合"。这些因素就是前面介绍的主要刺激、相关刺激和固有刺激。

4. 护理　护理是帮助人控制或适应刺激，减少无效反应和促进适应性反应。通过护理活动，控制各种刺激，使刺激处于人能够适应的范围内，增强人与环境之间的相互作用，促进人的生理功能、自我概念、角色功能和相互依赖，提高适应水平。

（三）罗伊适应模式在护理实践中的应用

罗伊根据适应模式，将护理的工作方法分为以下 6 个步骤：

1. 一级评估　又称行为评估，是指主要通过观察、交谈、检查等方法收集患者的生理功能、自我概念、角色功能和相互依赖四个方面有关内容。通过一级评估，护士可以判断患者的行为反应是否属于有效反应。

2. 二级评估　又称影响因素评估，是对影响患者行为的三种刺激进行评估，收集有关刺激的资料，识别主要刺激、相关刺激和固有刺激，通过二级评估，明确引发患者无效反应的原因。

3. 护理诊断　护理诊断是对患者适应状态的陈述或诊断。护士通过一级和二级评估，可以分析出服务对象出现的无效反应及原因，从而推断出护理问题，并将对个体生命威胁最大的、需要首先予以解决的护理诊断排列在最前面。

4. 制订目标　制订目标是接受护理后能提高服务对象的适应水平，促进服务对象生理功能、自我概念、角色功能和相互依赖的适应性反应，改变或避免无效反应。在制订目标时，医护人员应注意调动服务对象的主观能动性，尽可能与服务对象及其家属共同配合，尊重患者的选择，共同制订出可观察、可测量和能达成的目标。

5. 护理干预　干预是护理措施的制订和落实。医护人员主要通过控制各种刺激和扩大患者的适应区域来达到护理目标。医护人员控制刺激时不仅应针对主要刺激，还应注意对相关刺激和固有刺激的控制。医护人员扩大适应区域时应了解患者的生理心理调节的能力和特点，并对其进行必要的支持和帮助。

6. 评价　评价是医护人员运用一级评估和二级评估，将输出性行为与目标相比较，确定护理目标是否达成，然后根据评价结果对计划进行修订和调整，对尚未达到预期目标的护理问题需要找出原因，以确定是否继续执行护理计划或修改护理计划。

三、纽曼健康系统模式

（一）纽曼健康系统模式的基本内容

美国护理理论家、精神卫生护理领域的开拓者纽曼（Betty Neuman）在20世纪60年代提出了健康系统模式，此后进行了多次修改和完善，并将其广泛应用于护理实践。纽曼健康系统模式是以开放系统为框架，围绕减少应激而组织的，是一个综合的、动态的模式，重点阐述了与环境相互作用的人、压力源、人面对压力做出的反应以及对压力源的预防四部分内容（图6–5）。

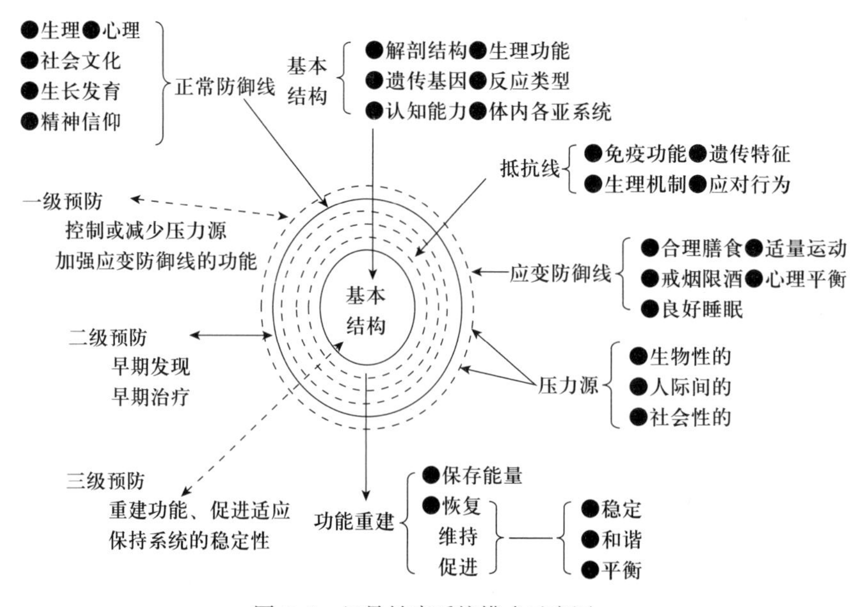

图6–5　纽曼健康系统模式示意图

1. 人　人是与环境持续互动的开放系统，由生理、心理、社会文化等多方面组成的整体，是不断与环境相互作用以寻求平衡的开放系统。系统的结构可以用围绕着一个核心的一系列同心圆来表示。

（1）基本结构（basic structure）：如图6–5所示，基本结构是位于最内层的实线圈。基本结构为核心部分，是机体生存的基本因素和能量源。由生物体共有的生存基本因素组成，包括解剖结构、生理功能、遗传基因、反应类型、认知能力、体内各亚系统的优势与劣势等。基本结构和能量源受人体的生理、心理、社会文化、精神与发展5个方面功能状态及其相互作用的影响和制约。当能量源储存大于需求时，个体就能保持机体的稳定与平衡。

（2）应变防御线（flexible line of defense）：如图6–5所示，位于最外层，为基本结构最外层的虚线圈，是患者系统的第一道防御机制，是机体的缓冲器和滤过器，其作用有防止压力源入侵、缓冲和保护正常防御线，是正常防御线的缓冲剂和过滤器。应变防御线是动态的，并能在短期内急速变化，距正常防御线越远，其缓冲、保护的作用越强。应变防御线受个体生长发育、身心状况、认知技能、社会文化、精神信仰等的影响。

（3）正常防御线（normal line of defense）：如图 6-5 所示，正常防御线是位于应变防御线和抵抗线之间的实线圈，指个体经过一定时间逐渐形成的对内、外界压力的正常反应范围，即通常的健康状态。机体的正常防御线是个体在生长发育及与环境互动过程中对环境中压力源不断调整、应对和适应的结果，是人在生命历程中建立起来的健康状态或稳定状态。与应变防御线相比，正常防御线也可以伸缩，只是其变化速度慢得多。当健康水平增高时，正常防御线扩展；而当健康状况恶化时，正常防御线萎缩。它的强弱由生理、心理、社会文化、生长发育、精神信仰等方面对压力源的适应与调节能力所决定。若压力源侵犯到正常防御线，个体就表现为稳定性降低和疾病状态。

（4）抵抗线（line of resistence）：如图 6-5 所示，抵抗线是位于正常防御线与基本结构之间的虚线圈，是保护基本结构、防御压力源的一些内部的因素。当压力源侵入正常防御线时，抵抗线会被自动激活，其主要功能是保护基本结构，使个体稳定并恢复到健康状态，可以在与压力源作用后上升至更高的稳定水平。其抵抗效能取决于心理、生理、社会文化、发展、精神等变量之间的相互作用。功能发挥有效时，个体康复，否则个体将会能量耗竭、死亡。

以上三种防御机制，既有先天赋予的，也有后天习得的，抵抗效能取决于个体心理、生理、社会文化、精神、发展五个变量的相互作用。三条防御线中，应变防御线保护正常防御线，抵抗线保护基本结构。当个体承受压力源时，应变防御线首先被激活，若抵抗有效，个体又可以回复到健康状态；若抵抗无效，个体死亡。

2. 压力源　压力源为可引发紧张和导致个体不稳定的所有刺激。纽曼按压力源的性质将其分为以下三种：

（1）生物性的压力源：指来自个体体内与内环境有关的压力，如愤怒、悲伤、自我形象改变、自尊紊乱、疼痛、失眠等。

（2）人际间的压力源：指发生在两个或多个个体之间的压力，如夫妻、父子、上下级或护患关系紧张等。

（3）社会性的压力源：指发生于体外、距离比人际间压力源更远的压力，如家庭经济收入低、环境陌生、通货膨胀、社会医疗保障体系不够完善等。

3. 反应　纽曼认同“压力学之父”塞利在压力与适应学说中对压力反应的描述，支持塞利提出的压力可产生全身适应综合征和局部适应综合征以及压力的三阶段学说，并进一步提出压力反应是多方面的，可体现在生理、心理、社会文化、发展与精神等方面，它对机体产生的影响可能是正性的，也可能是负性的。

4. 预防　护理活动的主要功能是控制压力源或增强人体各种防御系统的功能，以帮助服务对象保持、维持、恢复护理系统的平衡与稳定，获得最佳的健康状态。纽曼认为护士应根据服务对象系统对压力源的反应采取以下三种不同水平的预防措施：

（1）一级预防：适用于患者系统对压力源没有发生反应时，在怀疑或确定有压力源时所采取的措施。护理人员主要通过控制或改变压力源实施护理，防止压力源侵入正常防御线，保持机体系统的稳定，主要措施是减少或避免与压力源接触，巩固应变防御线和正常防御线。

（2）二级预防：指当压力源穿过正常防御线，机体系统的动态平衡被破坏，个体表现出压力反应即出现症状体征时所采取的措施。护理的重点是帮助服务对象早期发现疾病，尽早就医，早期诊断，并进行早期治疗。二级预防的目的是减轻和消除反应、恢复个体的稳定性并促使其恢复到健康状态。

（3）三级预防：指个体在经过二级预防措施的干预后，系统达到相当程度的稳定性时所采取的措施。护理的重点是帮助服务对象恢复及重建功能，减少后遗症发生，并防止新的压力源入侵，预防压力源的进一步损害。

考点提示

纽曼三级预防在护理实践中的具体应用

（二）纽曼健康系统模式中的四个基本概念

1. 人　人是与环境进行互动的寻求平衡与和谐的开放系统，患者可以是个体、家庭、社区及各种社会团体。通过防御维持平衡和完整的开放系统。

2. 环境　环境是指任何特定时间内，围绕着人的所有内部和外部的环境，分为内环境、外环境及创造性环境。内环境指的是存在于个体内的所有力量及其相互作用的各种影响；外环境指的是存在于个体外的所有力量及其相互作用的各种影响。纽曼提出的创造性环境指人在不断适应内外环境的刺激过程中，为保护系统稳定，对所有系统变量进行无意的动员和利用。

3. 健康　健康是个体的最佳稳定状态，是一种强健与疾病互相消长的动态的连续过程，是任何时间点上个体生理、心理、社会文化、精神与发展等各方面的稳定与和谐状态。健康是生活的能量，机体产生和储存的能量多于消耗时，个体的完整性、稳定性增强，健康水平增强；能量产生和存储不能满足机体的能量消耗与需求时，个体的完整性、稳定性减弱，健康水平降低，也可能发展至疾病和死亡。

4. 护理　护理是通过有目的的干预，减少或避免压力源对个体的负性影响，增强机体的防御功能，帮助患者获得并保持最佳的健康水平。护理的主要任务是保存能量，使其保持在健康的方向。

（三）纽曼健康系统模式在护理实践中的应用

纽曼健康系统模式将护理方法分成三个步骤：护理诊断、护理目标和护理结果，其护理方法反映了系统论思想，认为护理活动是有目的和有方向的。

1. 护理诊断　护士首先对个体的基本结构、各防御线的特征、现在和潜在于个体内外及人际间的压力源进行评估，再收集并分析个体在生理、心理、社会文化、精神与发展各层面对压力源的反应及其相互作用的资料，最后在获得适当资料的基础上，确定偏离健康的方面，做出诊断并排出优先顺序。

2. 护理目标　护理目标是医护人员与患者共同协商制订的患者所期望的结果以及达到这

些目标应采取的护理措施。纽曼强调应用一级、二级、三级预防原则来规划和组织护理活动。

3. 护理结果　护理结果是护士对干预效果进行评价并验证干预有效性的过程。评价内容包括个体内外及人际间压力源是否发生了变化、压力源本质及优先顺序是否改变、机体防御功能是否有所增强、压力反应症状是否得以缓解等。

第三节　文化与护理

文化是影响组织行为的传统习惯、伦理道德、行为准则、思维方式、价值观念和理想信念等观念性东西的总和。护理文化是社会文化在护理领域的表现形式，是社会文化的一部分。护理文化是护理人员在长期的护理实践活动中形成的、凝聚其归宿感的共同的理想信念、价值观念、道德规范和行为准则等精神因素的总和，其核心是组织共同的价值观。护理文化渗透在护理活动中，它依靠自己的价值观念来约束、引导护理人员规范其行为。通过对护理文化内涵的学习，可以帮助护理人员提升思想文化素养，提高医学人文素养。

一、文化概述

（一）文化

1. 文化的概念

（1）文化（culture）：文化是在某一特定群体或社会生活中形成的，是社会成员所共有的生存方式总和，包括价值观、艺术、语言、法律、风俗等。文化现象包括物质文化、精神文化和方式文化。物质文化是社会物质形态；精神文化是理论、观念、心理等；方式文化包括生产方式、组织方式、生存方式、生活方式、行为方式、思维方式和社会遗传七个方面，是文化现象的核心内容。

（2）主流文化与亚文化

1）主流文化：是统治阶级和主流社会所倡导的、起主要影响作用的文化，代表社会的主要发展方向。

2）亚文化：当社会某一群体形成一种既包括主流文化的某些特征，又包括一些其他群体所不具备的文化要素的生活方式时，这种群体文化被称为亚文化。亚文化是在主文化背景下，属于某一区域或某个集体所特有的观念和生活方式。一种亚文化不仅包含着与主文化相通的价值与观念，还有属于自己文化的独特的价值与观念。亚文化是一个相对的概念，是主文化的次属文化，二者相辅相成，不能分离。全面、具体地认识文化离不开对主流文化和亚文化的共同认识。

2. 文化的特征　文化是一个内涵丰富、外延广泛的复杂概念，具有以下特征：

（1）获得性：文化不能通过生理遗传，个体需要通过后天习得和创造，形成自我的价值观、知识结构、生活态度和行为准则等。

（2）复合性：文化是人类共有的，是人类历史的产物，任何一种文化现象都不是孤立的，而是由多种文化要素复合在一起的。

（3）象征性：文化现象总是具有广泛的意义，文化的意义要远远超出文化现象所直接表现出的窄小的范围，文化是社会历史的积淀物。

（4）传递性：文化产生后的传递包括了纵向传递（代代相传）和横向传递（地域、民族之间）两方面。

（5）适应性：文化不是静止不动的，一直处于变化中。一种文化能持续传递下去，与其具有适应性有关。一个社会或一个组织具备可持续发展性，与其文化元素具有适应性相关。

3. 文化的功能　文化在社会层面上发挥着以下功能：

（1）导向功能：文化可以为人们的行动提供方向和可供选择的方式。文化具有在传承中发展、在发展中创新的属性。通过共享文化，人们可以知道自己的何种行为在对方看来是适宜的、可以引起积极回应的，并倾向于选择有效的行动，这就是文化对行为的导向作用。

（2）整合功能：包括价值整合、规范整合和结构整合三个方面。文化整合功能是指其对于协调群体成员的行动所发挥的作用。社会群体中不同的成员都是独特个体，人们基于自己的需要，根据对情景的判断和理解采取行动。文化是人与人之间沟通的中介，如果能够共享文化，那么，就能够有效地沟通。

（3）区分功能：在不同群体、民族、地域或国家之间，文化所表现的区别最为深刻。

（4）反向功能：文化不仅具有正向功能，而且具有反向功能。个人群体在其认知的驱动下，违反社会规范，这就属于文化反向功能的一种表现形式。

（5）塑造功能：文化不是天生的，是人们以往共同生活经验的积累。个体通过接受各种文化教育，不断促进个性的形成和发展，掌握各种技能，形成正确的世界观、价值观和人生观。

（二）文化休克

1. 文化休克的概述

（1）文化休克的概念：文化休克（culture shock）又名文化震撼或文化震惊，1958 年由美国人类学家奥博格（Kalvero Oberg）提出，指个体从熟悉而固定的文化环境初次进入一个陌生的文化环境，因失去固有的观念、思维方式、价值标准、行为方式等，而感到明显的不适、无助和茫然等，甚至产生愤怒或绝望情绪的一组身心综合征。

（2）文化休克的原因

1）社会角色改变：当个体从一个熟悉环境突然进入一个陌生的环境时，原来扮演的社会角色会发生改变，当个体不适应这种改变时，即会产生沮丧、焦虑等不良情绪。

2）风俗习惯差异：不同地域、民族、国家形成的风俗习惯各异，一旦改变文化环境，面对新文化时，出现的文化差异就会让人难以接受。

3）价值观冲突：长期形成的文化价值观与其他新文化交融时，产生的不相融合情形，个体表现为无可适从。

4）沟通障碍：沟通可分为语言沟通和非语言沟通两种。其主要取决于文化背景和文化观念的差异，包括信息的发出、转换和接受。每个个体因文化修养不同，对资讯的筛选、接受各异。

5）孤独：在不熟悉的文化中，由于物理环境和人际关系的改变，个体容易产生无助、孤单和不安情绪。

6）个体差异：每个人接受新文化的态度和程度有所不同，当新文化不适应时，往往容易产生不适表现。

2. 文化休克的分期　文化休克可以经历四个阶段：蜜月阶段、沮丧阶段、恢复调整阶段、适应阶段。

（1）蜜月阶段（honeymoon phase）：又称兴奋期，人初到一个新环境，由于有新鲜感，表现为情绪处于亢奋状态，处于乐观、开心的状态。一般持续几周至数月不等。

（2）沮丧阶段（anxiety phase）：又称意识期，兴奋期过后，由于风俗习惯差异、沟通障碍、孤独等原因，个体感到烦躁、失落、焦虑、恐惧，或对周围的人、事物漠不关心等。这个阶段可持续数周、数月，甚至更长时间。此阶段是文化休克中最严重、最难度过的阶段。

（3）恢复调整阶段（regression and adjustment phase）：又称转变期，在经历了一段时间的沮丧和迷惑后，个体开始尝试适应新环境，努力寻找文化差异中可交融之处，积极调整心态，接纳和适应差异，以良好的心态面对一切，慢慢解决文化冲突。

（4）接受适应阶段（acceptance and adaptation phase）：又称接受期，是个体接受新环境中的文化模式，进行母文化与新文化的整合，建立起新的生活方式、行为习惯、价值观念等，平和地与新文化相处。

3. 文化休克的常见表现

（1）焦虑：焦虑是最常出现的情绪反应，是机体的保护性反应。在心理应激状态下，适度的焦虑可以提高个体的警觉水平，但如果焦虑过度，会对身心产生损害。表现为坐立不安、失眠、缺乏自信、心神不定等。

（2）恐惧：恐惧是个体已经明确处于特定危险的、可能对生命造成威胁或伤害情景时的心理状态，个体明显感到无力，只能采取逃避行为。过度或持久的恐惧会对机体产生严重的不利影响，表现为面色发白、疲惫、失眠、出汗等。

（3）敌意：敌意是憎恨和不友好的情绪，多表现为辱骂、讽刺等，或伴攻击性行为。

（4）沮丧：沮丧是在模式文化中，个体产生的失意、无望和悲伤等消极情绪。

（5）绝望：绝望是感觉势单力薄，没有选择和依靠，无任何力量可支持，表现为表情冷漠、语言减少、生理功能低下等。

4. 文化休克的预防

（1）充分准备：充分了解新环境的基本情况，必要时进行针对性模拟，提升适应能力。

（2）主动适应：进入新环境后，踊跃地与外界接触，探索融入其中的方式和途径，积极调整自己的状态。

（3）积极寻求支持系统：进入新环境后，应该积极寻求支持系统，如亲朋好友、社会团体、专业人士、组织机构等。

考点提示

文化、文化休克的概念；文化休克的分期及常见表现。

二、莱宁格的跨文化护理理论

美国跨文化护理专家莱宁格从20世纪50年代开始进行跨文化护理研究。跨文化护理（trans-cultural nursing）又称多元文化护理，是指护理人员根据患者的文化环境和文化，了解患者的生活方式、道德信仰、价值取向，向患者提供多层次、高水平、全方位有效的护理。

知识链接

莱宁格简介

跨文化护理理论由美国著名的护理理论学家迈德勒恩·莱宁格在20世纪60年代首先提出。

1948—1954年：完成初级护理教育，获得护理学学士学位和哲学博士学位；

1966年：在科罗拉多大学开设了第一个跨文化护理课程；

1970—1991年：出版《护理学与人类学：两个世界的融合》《跨文化护理：概念、理论、研究和实践》《文化照护的异同性：一个护理理论》；

1974年：成立跨文化护理协会；

1989年：创办《跨文化护理杂志》。

此外，莱宁格还曾获得诺贝尔提名奖、杰出的护理领导人奖。

（一）跨文化护理理论的相关概念

1. 文化　不同个体、群体、社会组织，通过学习获得、共同享有、延续下来的价值观、信念与信仰、规范及生活方式的总称。以一定方式，对特定群体的思维、决策和行动方式进行指导。

2. 文化照护　以文化为基础，帮助、支持和促进个体与群体生存、面对疾病和死亡的价值观及生活方式等。

3. 文化照护共性　人类对照护的意义、定势、价值和标志等方面的共性，常从大众对于健康、环境、生活方式或面对死亡的文化里派生出来。

4. 文化照护差异　人们在改善生存状态、生活方式、健康状况和面对疾病和死亡的实践中，从文化中派生出照护的不同涵义、不同方式、不同准则和标准等。

（二）跨文化护理理论的模式

莱宁格跨文化护理理论以“日出模式”的4个层次（图6-6）来解释跨文化护理理论及各概念之间的关系。

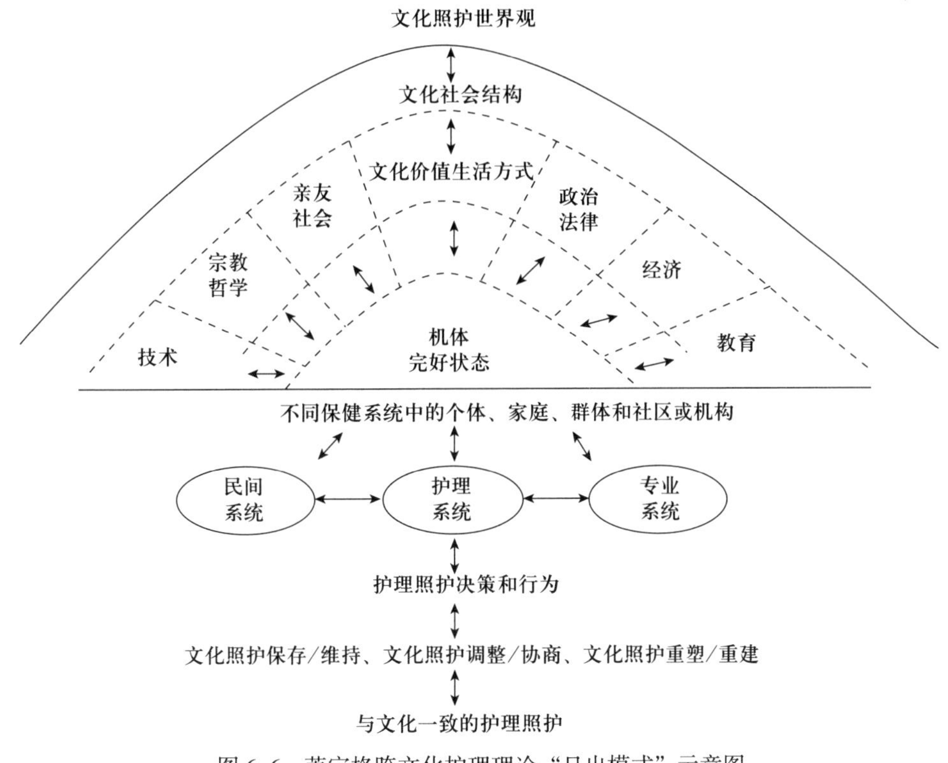

图 6-6　莱宁格跨文化护理理论“日出模式”示意图

1. 文化照护世界观与文化社会结构层　属于系统中的超系统，位于整个模式图的最顶层。第一层内容表明，人类照护与他们的文化背景、社会结构、世界观、环境内容密不可分。社会结构指某特定文化的构成因素，包括政治与法律、宗教与哲学、价值观、教育、经济、技术、亲缘与社会关系、生活方式等。特定文化中的个体或群体受社会结构的影响，选择和接纳新的文化。

2. 服务对象层　第二层提供了个体、家庭、群体和社会或机构等患者的文化背景及对健康文化的理解与期望。

3. 健康系统层　分为民间系统、护理系统和专业系统。第三层阐述了各系统的特征、方式及相互影响。民间系统与专业系统在理念与实践方面的差异影响着个体的健康和吸纳健康文化的程度。

4. 护理照护的决策和行为层　包括文化照护保存 / 维持、文化照护调整 / 协商、文化照护重塑 / 重建三个方面。护士通过评估，对符合健康文化、与健康现状不相冲突的原有文化给予维持；对于不完全符合健康文化及健康现状的部分，通过协商，进行取舍、补充、完善，调适为健康文化，促进患者的健康；对于与现有健康相冲突的文化内容，通过健康教育，协商并实施“破旧立新”，促进形成健康生活方式等，实施重建文化的照护。

三、护理实践中的文化

（一）文化对护理的影响

1. 文化影响健康　文化中的价值观念、态度或生活方式，可以直接或间接地影响某些疾病的发生。而文化中的健康教育、健康促进对生活方式的管理至关重要。健康的生活方式能促进健康，不良的生活方式容易导致健康受损。

2. 文化影响对疾病的反应　不同文化背景的服务对象对同一种疾病、病程发展的不同阶段的反应不同。性别、受教育程度、家庭支持等文化背景会影响服务对象对疾病的反应。一般情况下，受教育程度高的人患病后能够积极主动地寻找相关信息，了解疾病的原因、治疗和护理效果；受教育程度低的人会认为治疗和护理是医务人员的事情，当病情恶化时，会抱怨医务人员，开始寻找民间的偏方，有时还会由于认知错误导致情绪障碍。

3. 文化影响就医方式　文化背景和就医方式有密切关系。当个人遭遇生理上、心理上或精神上的问题时，如何就医、寻找何种医疗系统、以何种方式诉说困难和问题、如何依靠家人或他人来获取支持、关心、帮助等一系列行为，常常受文化的影响。在中国传统文化背景影响下，中国人有的喜欢混合就医，如同时就诊几个医院、中西药同时服用等。

（二）满足患者文化需要的策略

1. 遵循健康教育的原则　科学地、有针对性地、教学最优化地、循序渐进、因材施教、理论联系实际地进行健康教育活动，帮助患者及时了解自己的病情和诊疗情况，尽快熟悉医院的环境。

2. 多因素匹配　根据患者所属的家庭、社区以及社会工作不同，评估个体受家庭、群体的不同文化背景的影响，结合资料及相关法规，设置针对性强、有实效性的、独立健康的传播内容。

3. 采取灵活多样的传播方式　如讲授法、讨论法、演示法、案例教学法、角色扮演法等。在讲解中尽量减少医学术语的使用。

4. 及时评价　文化照护依照护理程序，注意评估、诊断特定患者的文化共性及差异，选择有针对性、实效性的健康文化项目，设定对应目标，实施健康教育和健康促进后，通过多种方式，如访谈、问卷等进行评价，注意及时反馈，并重视延续照护。

5. 帮助构建支持系统　亲朋好友、相关社会机构及专业人士，构成了三级支持系统。同时，建立良好的护患关系，积极帮助患者适应新文化，理解患者的适应行为。

本章小结

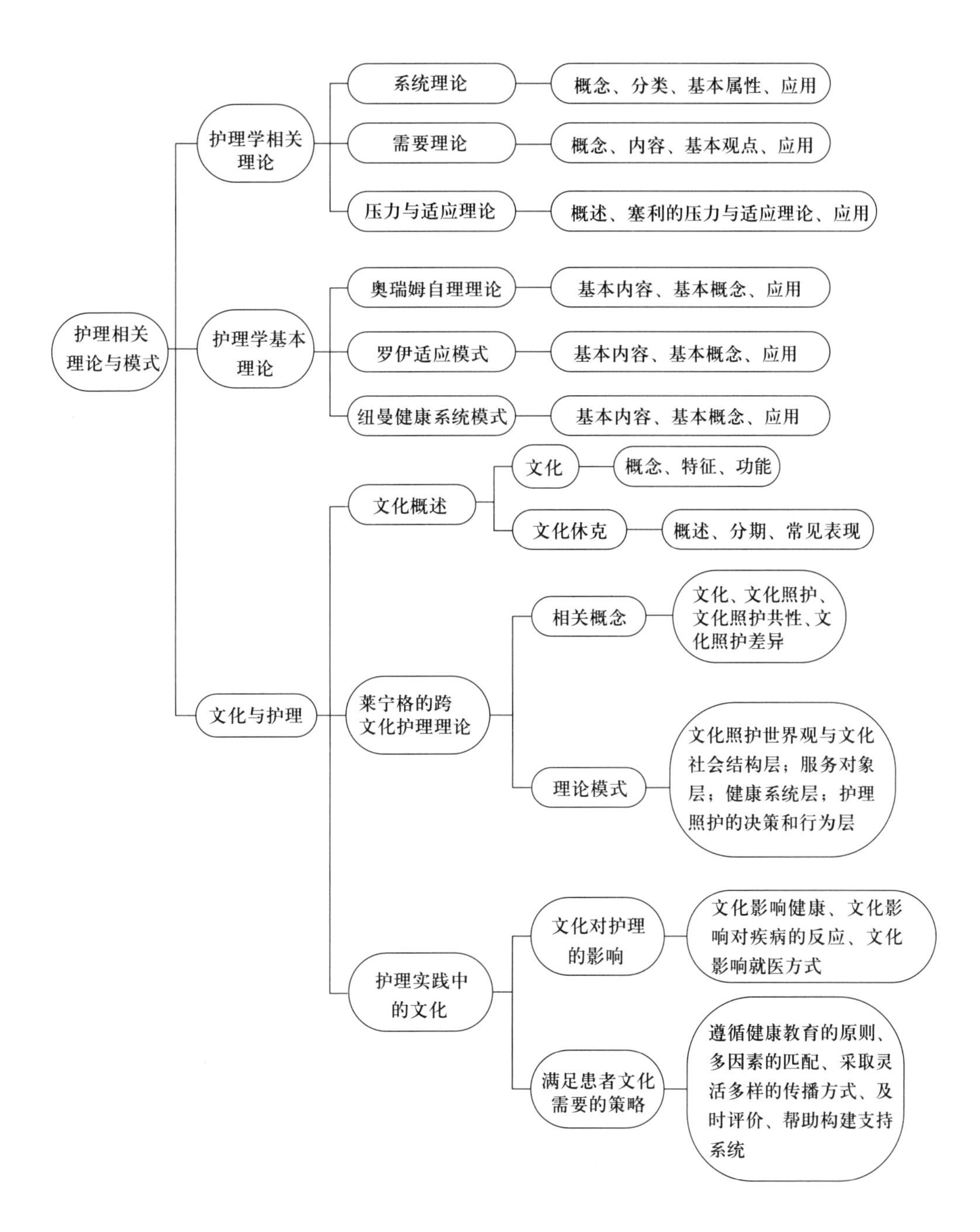
护理相关理论与模式
护理学相关理论
系统理论
概念、分类、基本属性、应用
需要理论
概念、内容、基本观点、应用
压力与适应理论
概述、塞利的压力与适应理论、应用
护理学基本理论
奥瑞姆自理理论
基本内容、基本概念、应用
罗伊适应模式
基本内容、基本概念、应用
纽曼健康系统模式
基本内容、基本概念、应用
文化与护理
文化概述
文化
概念、特征、功能
文化休克
概述、分期、常见表现
莱宁格的跨文化护理理论
相关概念
文化、文化照护、文化照护共性、文化照护差异
理论模式
文化照护世界观与文化社会结构层；服务对象层；健康系统层；护理照护的决策和行为层
护理实践中的文化
文化对护理的影响
文化影响健康、文化影响对疾病的反应、文化影响就医方式
满足患者文化需要的策略
遵循健康教育的原则、多因素的匹配、采取灵活多样的传播方式、及时评价、帮助构建支持系统

自 测 题

一、选择题

【A1/A2 型题】

1. 对中老年妇女进行乳腺癌的普查属于（　　）

A. 一级预防　　B. 二级预防　　C. 三级预防

D. 四级预防　　E. 临床期预防

2. 下列关于压力的说法正确的是（　　）

A. 日常生活中的压力都会损害人的身体健康

B. 压力包括刺激、认知评价及反应三个环节

C. 压力与多种疾病都有关系，故应积极避免一切压力

D. 压力是环境刺激的直接结果

E. 压力与环境无关

3. 李某，男，70 岁，因肺癌入院治疗。因子女工作繁忙，探视较少，患者情绪低沉，经常流泪不语，并要求出院。护士应特别注意满足患者（　　）的需要

A. 生理　　B. 安全　　C. 爱与归属

D. 自尊　　E. 自我实现

4. 护士长对新入职的护士非常关心，用亲和力感染了整个护理团队，减轻了新入职护士的不适应，主要克服了引发文化休克的（　　）原因

A. 社会角色的改变　　B. 风俗习惯的差异性

C. 价值观的矛盾和冲突　　D. 沟通障碍

E. 个体差异

5. 王护士在新入职培训阶段，积极投入讨论和动手操作，正式上岗后，向同事虚心学习，对患者热情、耐心。她的行为体现了文化的（　　）特征

A. 获得性　　B. 共享性　　C. 继承性

D. 民族性　　E. 适应性

6. 马护士配合张医生成功抢救了一例喉头水肿引发呼吸抑制的患者，并在其病情平稳后对患者进行健康宣教。在护理患者时马护士经历的适应**不包括**（　　）

A. 生理适应　　B. 心理适应　　C. 社会文化适应

D. 技术适应　　E. 行为适应

【A3/A4 型题】

（7 ~ 8 题共用题干）

李某，男，78 岁，诊断为“原发性高血压 3 期”，常常忘记服药。王护士耐心地为患者讲解

高血压用药的知识，李某由此认识到科学服用降压药的重要性。

7. 王护士通过（　　）方式满足了患者的需要

A. 直接　　B. 协助　　C. 间接

D. 个性化　　E. 健康教育

8. 李某间断服药可能导致的风险与（　　）压力源有关

A. 身体性　　B. 生物性　　C. 生理病理性

D. 心理性　　E. 社会文化性

（9 ~ 10 题共用题干）

方先生，52 岁，在单位组织体检时，体检报告提示胆固醇增高。因有冠心病家族史，方先生主动向社区护士咨询如何科学饮食。

9. 方先生向社区护士咨询健康生活方式，即向社区护士寻求（　　）

A. 照护　　B. 文化照护　　C. 文化照护共性

D. 文化照护差异　　E. 跨文化护理

10. 社区护士与方先生共同制订改变其不良生活方式的计划，针对方先生的具体情况，需要实施的跨文化护理属于文化照护（　　）

A. 保持　　B. 调适　　C. 修订

D. 协商　　E. 重建

二、简答题

1. 根据马斯洛的人类基本需要层次论将人的基本需要分成哪些层次？

2. 举例说明奥瑞姆护理系统理论中的护理系统的分类。

（王旭春　敖　春）

第七章　护理程序

学习目标

1. 解释护理程序的概念。
2. 了解护理程序的发展史。
3. 说出护理程序的步骤。
4. 阐述护理程序的特点、理论基础及临床意义。
5. 规范地收集照护对象的资料。
6. 列出护理诊断与合作性问题及医疗诊断的区别。
7. 说出护理诊断的陈述方式。
8. 规范地书写护理记录。
9. 学会应用护理程序的思想、工作方法指导护理实践。
10. 具有判断照护对象需要的能力，基本能个性化满足照护对象的身心需要。

案例 7-1

患者男，68 岁。有糖尿病病史 10 余年，长期口服二甲双胍缓释片，血糖控制欠佳，2 天前因进食冰冷食物后出现腹痛，以上腹部较明显，呈阵发性隐痛，每次持续数分钟后腹痛可减轻，时有加重痉挛性疼痛，进食后出现呕吐，共 4 次，呕吐物为胃内容物，量约 800 ml，腹泻 5 次，为黄色稀水样便，量约 1000 ml。患者入院时精神萎靡，口干明显，眼窝凹陷，诉腹部、左前臂、左侧环指和小指疼痛。查体：T 38.5℃，P 118 次 / 分，R 23 次 / 分，BP 94/56 mmHg，测血糖 25.6 mmoL/L。患者既往有高血压病 10 余年，未规律治疗，2 年前诊断冠心病，并行支架植入术。

思考

1. 如何收集患者的资料？
2. 患者现存的护理问题有哪些？
3. 如何确定患者的首优问题？

第一节　护理程序概述

一、护理程序的概念及步骤

护理程序（nursing process）是指导护理人员以满足照护对象的身心需要，恢复或增进照护对象的健康为目标，科学地确认照护对象的健康问题，运用系统方法实施计划性、连续性、全面整体护理的一种理论与实践模式，是一个综合的、动态的、具有决策和反馈功能的过程，是系统而科学地指导、实施护理活动的思想及工作方法。目前已经广泛应用于临床护理、护理管理、护理教育、护理科研、护理理论等领域。护理程序的产生和应用，提高了护理质量，推动了护理学专业化的发展。

护理程序一般分为五个步骤，即护理评估、护理诊断、护理计划、护理实施、护理评价。

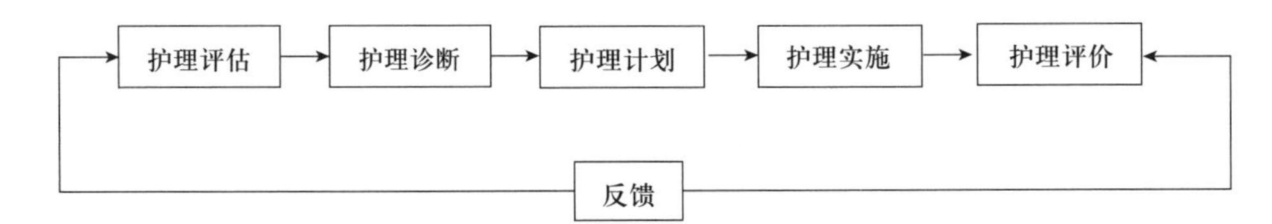

二、护理程序的发展史

1955年，莉迪亚·赫尔（Lydia Hall）首先提出护理是一个程序过程，她认为护理工作是“按程序进行的工作”。

1960年前后，约翰逊（Johnson）和奥兰多（Orlando）提出三步骤护理程序，包括评估、计划、评价。

1967年，尤拉（Yura）和渥斯（Walsh）完成了第一部权威性的《护理程序》教科书，将护理程序发展成护理评估、护理计划、护理实施、护理评价四个步骤。

1975年，罗伊（Roy）等护理专家提出护理诊断这一概念。在北美护理诊断协会（North American Nursing Diagnosis Association，NANDA）第一次会议后，许多专家提出应将护理诊断作为护理程序中一个独立步骤。

1977年，美国护士协会（American Nurses Association，ANA）规定护理程序包括护理评估、护理诊断、护理计划、护理实施和护理评价五个步骤，并将其列为护理实践的标准，使护理程序走向合法化。

20世纪80年代初，美籍学者李式鸾博士将“初级护理（primary nursing）”引入中国，自此以护理程序为中心的责任制护理开始实行。

1994年，美籍华裔学者袁剑云博士开始在我国推广以护理程序为核心的系统化整体护理。

1997年，国家卫生和计划生育委员会下发《关于进一步加强护理管理工作的通知》，要求各医院积极推行以患者为中心、以护理程序为基础的整体护理。

2002年，袁剑云博士又在我国介绍了以护理程序为基本框架的临床路径，促进了护理程序在我国护理工作中的运用。

三、护理程序的特点

（一）组织性

护理程序是以照护对象健康为中心的有组织、有计划的护理活动，确保了护理的有序进行。

（二）决策性

护理程序是护士通过“质疑”“循证”照护对象对健康的反应做出决策，拟定特定目标，采取护理活动，并注重反馈的一个过程。

（三）目标性

护理程序的目的是满足照护对象生理、心理、社会等方面的整体需要，帮助其减轻痛苦、提高生存质量，以达到最佳健康状态。

（四）系统性

护理程序以系统论为理论基础，指导护理工作的各个步骤系统而有序地进行。

（五）个体性

护理人员运用护理程序时，要根据照护对象的具体需求和个体特点计划护理活动，结合个体的生理、心理和社会需求，有序安排护理活动，充分体现以人为本的思想。

（六）动态性

当照护对象情况出现变化时，护理诊断、护理计划随之改变，不断调整并及时采取相应措施，促使照护对象达到最佳健康状态。

（七）普遍性

护理程序适用于个体、家庭、社区、社会不同层面，适合在任何场所、为任何照护对象安排护理活动。另外，护理程序还被应用于护理管理、护理教育、护理科研、护理理论等领域，护理人员都可用护理程序组织工作。

（八）科学性

从理论上看，护理程序不仅体现了现代护理学的理论观点，而且运用了其他学科的相关理论，如控制论、需要论等学说。从临床实践上看，护理程序的应用，使护理人员从事的护理活动更加严谨、有序。

（九）互动性

在运用护理程序过程中，需要护理人员与照护对象、医师、同事及其他人员密切合作，以全面满足照护对象的需要。

四、护理程序的理论基础

护理程序以系统论、人的基本需要层次理论、信息交流论和解决问题论等科学理论作为框架，各种理论相互关联，互相支持。

1. 系统论构成了护理程序的理论框架。

2. 人的基本需要层次理论为评估照护对象的健康状态、预见照护对象的需要提供了理论依据。

3. 信息交流论则赋予护士与照护对象交流和沟通的知识和技巧，从而确保护理程序的顺利进行。

4. 解决问题论为确认照护对象的健康问题，寻求解决问题的最佳方案及评价效果，奠定了方法论的基础。

五、护理程序对护理实践的意义

（一）对照护对象的意义

1. 照护对象是护理程序的核心，护理程序的目的是围绕照护对象的健康提供全面、全程、个体化、高质量的健康照顾。

2. 在应用护理程序的过程中，护士与照护对象密切接触，有利于建立起良好的护患关系，有利于促进照护对象的康复进程。

3. 在护理过程中，护士把照护对象作为整体看待，一切护理活动都是为了满足其需要，因此照护对象是护理程序的直接受益者。

（二）对护理人员的意义

1. 护理程序强化了护理的专业特点，强调了护士与医生的合作伙伴关系，使护理工作摆脱了过去多年来执行医嘱加常规的被动工作局面。

2. 护理程序需要护士应用相关理论、知识、技能，对照护对象的健康问题进行独立判断，采取针对性护理方案，实施最佳的整体护理，护理程序的应用，提高了护理质量，促进了护理事业的发展。

3. 护士运用知识和技能独立解决问题，培养了护士创造性的工作能力，拓展了护士素质内涵，也有利于促进护士建立科学的、评判性的思维。

4. 护士取得成绩后其成就感增加，自我效能感提升。

5. 护理程序的运用，要求护士不断扩展自己的知识范畴，从而培养学习能力，促进护士在职教育和继续教育的发展。

6. 护士运用护理程序工作时，每天需与不同的照护对象或家属接触，增加了护士的人际交往能力。

（三）对护理专业的意义

1. 护理程序的运用对护理教育的改革具有指导性的意义，在课程的组织、教学内容的安排、教学方法的运用等方面可促使教学模式的转变。

2. 护理程序的运用进一步明确了护理工作的范畴和护士的角色，规范了护理工作的方法，促进了护理专业的发展。

3. 对护理管理提出了新的更高的要求，尤其在临床护理评价方面有了新的突破。

4. 护理程序同样可推进护理科研的进步，使护士更注重将照护对象作为一个整体的人去考虑，引导科研的方向。

5. 护理程序本身也是护理专业化的重要标志。

第二节　护理评估

护理评估（nursing assessment）是护理程序的第一步，指收集照护对象生理、心理、社会方面的健康资料并进行整理，以发现和确认照护对象的健康问题。护理评估具有连续性、动态性的特点，贯穿于护理工作的始终，是整个护理程序的基础，同时也是护理程序中最为关键的步骤，如果评估不正确，将导致护理诊断和计划的错误，以及预期目标失败。

一、护理评估的目的

1. 为分析、判断和正确作出护理诊断或护理问题提供依据。
2. 建立照护对象健康状况的基本资料。
3. 为评价护理效果提供依据。
4. 为护理教学和护理科研积累资料。

二、收集资料

护士通过观察、与照护对象交谈和护理体检及查阅相关资料等方法，有目的、有计划、系统地收集资料。收集资料的内容应该与护理有关，并且尽可能不与其他专业人员重复收集相同的资料。评估内容应包括生理的、心理的、社会文化的、发展的及精神的诸方面的资料，从整体护理观点出发，以帮助照护对象达到最佳健康状况。

（一）收集的内容

收集包括生理、心理、社会、文化、精神、经济等方面的内容。

1. 一般资料　包括姓名、性别、年龄、民族、职业、婚姻状况、文化程度、宗教信仰、家庭住址、联系方式及联系人、医保类型、入院方式、收集资料的时间等。

2. 现在健康状况　包括主诉、治疗情况、用药情况、阳性体征等，根据评估量表评估自理能力及进行各类风险评估。

3. 既往健康状况　包括既往病史、家族史、手术（外伤史）、药敏史、传染病史、月经史和婚育史等。

4. 护理体检　主要项目包括身高、体重、生命体征、意识、瞳孔、皮肤、口腔黏膜、四肢活动度、营养状况等。

5. 实验室检查及其他辅助检查资料。

6. 心理社会状况　包括对疾病的认知、希望达到的预期效果、人格特征、自我意识和工作环境等。

（二）收集资料的方法

1. 交谈　指以语言方式，通过与照护对象或其家属、朋友的交谈来获取护理诊断所需要的资料信息。在收集资料过程中，护士应注意照护对象的反馈，以确认交谈内容无误。交谈可分为正式交谈和非正式交谈。

（1）正式交谈是指预先通知照护对象，有目的、有计划地交谈。例如入院后询问病史，就是按照预先确定的项目和内容收集资料。

（2）非正式交谈是指护士在日常的查房、治疗、护理过程中与照护对象之间的交谈，此种方式照护对象会感到很自然、轻松。

2. 观察　是护士通过视觉、触觉、听觉、嗅觉等感觉器官及辅助工具获取照护对象生理、心理、精神、社会、文化等各方面资料的过程，是护士动态收集照护对象资料的手段。因此，护士要有敏锐的观察力，善于捕捉照护对象每一个细微的变化，从中选择性地收集与其健康问题有关的资料。

3. 护理体检　是指护士应用视诊、触诊、叩诊、听诊、嗅诊等方法，对照护对象进行全面的体格检查。以收集与护理有关的生理资料为主，而与病理生理学的诊断有关的体检应由医师去做。

4. 查阅相关资料　包括照护对象的病历、各种护理记录以及有关文献等。

（三）资料的来源

1. 直接来源　照护对象是资料的主要来源，只要照护对象意识清楚，沟通无障碍，健康状况允许，就应按照要求向照护对象收集资料。

2. 间接来源

（1）与照护对象有关的人员：如亲属、朋友、同事等，他们是次要资料的来源。当照护对象处于语言障碍、意识不清、智力不全、精神障碍而无法提供资料时，护理人员需要从照护对象的亲属及有关人员处获得资料。

（2）其他医务人员：包括医生、护士和健康保健人员等，都可以提供资料。

（3）医疗记录：照护对象既往病史和现有疾病的情况，辅助检查的资料，如各种实验室检查、病理检查等。

（4）医疗护理文献：各种医疗护理文献可以为照护对象的病情判断、治疗和护理提供理论依据。

（四）资料的种类

1. 按照资料的来源分为主观资料和客观资料。

（1）主观资料：多为照护对象的主观感觉，即主诉。包括所经历、所感觉、所思考、所担心的内容，如“我头昏”“我腹痛”“我心慌”等。

（2）客观资料：指护理人员通过观察、护理体检以及借助医疗仪器检查所获得的资料，如巩膜黄染、心率 100 次 / 分、血红蛋白 50 g/L 等。

2. 按照资料的时间分为现时资料和既往资料。

（1）现时资料：指照护对象现在的健康状况，如生命体征、疼痛、皮肤、意识等。

（2）既往资料：指照护对象过去与健康有关的资料，包括既往史、手术（创伤）史、过敏史等。

（五）分析整理资料

整理资料是对收集到的资料进行核实、筛选、分析和记录的过程。

1. 资料的核实　为保证所收集的资料真实、准确，需要重新核对、确认。

2. 筛选、分析、记录　对收集的资料进行加工、筛选、分析，找寻健康问题，做出护理诊断，并将所获得的资料完整记录。

第三节　护理诊断

护理诊断（nursing diagnosis）是在评估基础上确定服务对象的护理问题，列出护理诊断，以描述服务对象的健康问题。

一、定义

护理诊断是关于个人、家庭、社区对现存和（或）潜在的健康问题或生命过程反应的一种临床判断，是对生命过程中的身体、心理、社会文化、发展及精神方面所出现的健康问题反应的说明。这些健康问题的反应属于护理职责范畴，是护士为达到预期结果选择护理措施的基础，可以用护理的方法来解决。

二、组成

护理诊断由名称、定义、诊断依据、相关因素四部分组成。

（一）名称

名称是对照护对象健康状态或疾病反应的概括性描述。一般常用改变、受损、缺陷、无效或低效等特点描述语。1994 年，北美护理诊断协会将护理诊断分成五种类型。

1. 现存的　指照护对象此时此刻健康问题的反应。如腋下温度＞ 38℃时，诊断为“体温过高”；患者腹痛，诊断为“疼痛 腹痛”。

2. 潜在的　指危险因素存在，如不加以预防和处理，问题就会出现或发展。如患者长期大量饮酒，诊断为“有肝功能受损的危险”；患者呕吐、腹泻，诊断为“有体液不足的危险”。

3. 可能的　可疑因素存在，但线索不足，需进一步收集资料以便排除或确认的暂定的护理诊断。如患者第一天入院，对环境不熟悉，担心疾病预后，可诊断为“睡眠剥夺的可能”，但患者是否有入睡困难、易醒，需观察或再次收集资料。

4. 健康的　指个人、家庭和社区从特定的健康水平向更高的健康水平发展的护理诊断。如患者接受护士的建议，积极配合治疗，自觉管理慢性病，诊断为“有自我健康管理改善的趋势”。初产妇掌握母乳喂养的方法和注意事项，婴儿吸吮有力，无哭闹，诊断为“母乳喂养有效”。

5. 综合性的　指由特定的情景或事件而引起的一组现有的或有危险的护理诊断。如小儿生病住院，对特定环境不熟悉，对周围人员不熟悉，导致哭泣不止，诊断为“环境认知障碍综合征”。

（二）定义

定义是对护理诊断名称的一种清晰、正确的描述，并以此与其他诊断相鉴别。要成立一个新的护理诊断，应有公认的定义，如体温过高定义为：个体处于体温高于正常范围的状态；睡眠紊乱定义为：睡眠规律改变导致照护对象的不适或影响了日常生活。

（三）诊断依据

诊断依据是指做出护理诊断的临床判断标准。通常是相关症状、体征及有关病史。分为主要依据和次要依据。

1. 主要依据　做出特定诊断必须具备的症状、体征及有关病史，是必要条件。

2. 次要依据　做出特定诊断可能存在的症状、体征及有关病史，对护理诊断有支持作用，是诊断成立的辅助条件，不一定必须存在。

（四）相关因素

相关因素是指影响个体健康状况的直接因素、促发因素或危险因素。常见的相关因素包括以下几方面。

1. 病理生理因素　指与病理生理改变有关的因素。如“营养失调 低于机体需要量”的相关因素与脑组织缺血缺氧致吞咽功能障碍有关。

2. 心理因素　指与照护对象心理状况有关的因素。如“焦虑”与担心疾病预后影响身心健康有关。

3. 治疗因素　指与治疗措施有关的因素。如“有感染的危险”是由于治疗自身免疫性疾病而使用糖皮质激素有致真菌感染的可能。

4. 年龄因素　是指与年龄相关的各方面因素，包括认知、生理、心理、社会、情感的发展状况。

5. 情境因素　即涉及环境、生活经历、生活习惯、角色等方面的因素。如“母乳喂养无效”是照护对象为了自身身材需要拒绝母乳喂养的因素。

三、护理诊断的陈述

完整的护理诊断的陈述包括三部分，即问题（problem，P）、症状与体征（signs or symptoms，S）、相关因素（etiology，E），又称“PSE”公式。但目前趋势是将护理诊断简化为两部分，即问题加原因（PE），还有一部分陈述（P）。

1.“PSE”三部分陈述方式多用于陈述现存的护理诊断，即护理问题、症状或体征及相关因素三者齐全。例如，“体温过高（P）：腋温38.5℃，呼吸急促、干咳、全身乏力（S） 与肺部新冠肺炎病毒感染有关（E）”。

2.“PE”两部分陈述方式多用于陈述潜在的护理诊断。例如，“有皮肤完整性受损的危险（P） 与患者消瘦、进食少、长期卧床有关（E）”“有自理能力缺陷的可能（P） 与静脉输液引起右手臂功能障碍有关（E）”。

3.“P”一部分陈述方式即不存在相关因素，常用于健康的护理诊断。例如，“有营养改善的趋势（P）”。

四、医护合作性问题——潜在并发症

（一）定义

临床实践中存在因脏器的病理生理改变所致的潜在并发症，这些并发症有些可以通过护理措施干预或处理即能解决，属于护理诊断的范畴；有些护士不能预防和独立处理，需要与医生共同合作解决，称为合作性问题。

（二）处理

对于合作性问题，护士在有效执行护理方案、减少或避免并发症发生的同时，需要密切观察患者病情变化，做到早发现、早报告，并配合医生共同处理，挽救患者生命。如潜在并发症：出血。食管胃底静脉曲张患者需要密切观察黑便、呕血及患者生命体征等，注重饮食种类的选择及对生活方式的干预。

（三）陈述方式

医护合作性问题的陈述方式是“潜在并发症：……”，例如，“潜在并发症：出血”。潜在并发症简写为“PC”，故可以陈述为“PC：出血”。护理诊断与医护合作性问题的区别见表7-1。

表7-1 护理诊断与医护合作性问题的区别

项目	护理诊断	医护合作性问题
陈述方式	气体交换受损 与肺部细菌感染有关	潜在并发症：窒息
描述内容	关于个人、家庭、社区对现存和（或）潜在的健康问题或生命过程反应的一种临床判断	个体脏器的病理生理改变所致的潜在并发症
决策者	护理人员	医护双方
护理措施	护士制订护理措施，为患者减轻或消除病痛，促进健康	护士密切观察病情变化，并配合医生共同处理，挽救患者生命
预期目标	护士提出预期目标	并发症被及时发现并得到及时治疗

五、护理诊断与医疗诊断的区别

医疗诊断是用于确定一个具体疾病或病理状态的医疗术语，它与护理诊断具有不同的含义，主要区别见表 7-2。

表 7-2　护理诊断与医疗诊断的区别

项目	护理诊断	医疗诊断
研究对象	对个人、家庭、社区的健康问题或生命过程反应的一种临床判断	对人体病理生理变化的一种临床判断
描述内容	描述个体对健康问题的反应	描述一种疾病
职责范围	属于护理职责范围	属于医疗职责范围
适用范围	适用于个人、家庭、社区的健康问题	适用于个体的疾病
数量	可有多个诊断，随照护对象反应的变化而不断变化	一般只有一个，在疾病过程中保持不变
决策者	护理人员	医疗人员
举例	移动能力障碍　与脑组织缺血缺氧致肢体偏瘫有关	脑梗死

六、书写护理诊断的注意事项

1. 统一使用北美护理诊断协会认可的护理诊断名称。
2. 一个诊断针对一个问题。
3. 护理诊断明确并简单易懂，正确陈述。
4. 必须有明确的主、客观资料作为依据。
5. 应包括照护对象生理、心理、社会各方面，以体现整体护理观念。
6. 确定的问题需要用护理的措施来解决。
7. 避免与护理措施、医疗诊断、医护合作问题相混淆。
8. 原因必须明确。书写原因时，不能有引起法律纠纷的陈述，如“有窒息的危险　与未按时吸痰，痰液堵塞有关”。

第四节　护理计划

护理计划（nursing planning）是为解决护理诊断涉及的健康问题而做出的决策，是护理行动的指南。包括排列护理诊断顺序、确定预期目标、制订护理措施和书写护理计划。

一、排列护理诊断的优先顺序

一个照护对象可同时有多个护理诊断，按重要性和紧迫性排出主次，要确定护理重点，一般将威胁最大的放在首位，其他的依次排列，这样护士就可根据轻、重、缓、急有计划地进行工作。

（一）护理问题分类

1. 首优问题　指会威胁生命，需立即解决的问题。如清理呼吸道无效、体液不足、急性意识障碍等。

2. 中优问题　指虽不会威胁生命，但能导致身体上的不健康或情绪上变化的问题，造成照护对象身心痛苦，如躯体移动障碍、皮肤完整性受损等。

3. 次优问题　指照护对象在应对发展和生活变化时所遇到的问题，需要护士给予帮助解决，使其达到最佳健康状态。如营养失调、社会交往障碍、知识缺乏等。

首优、中优、次优问题是相对的，在护理过程中可能发生改变，需要随时观察护理效果及病情变化。当威胁生命的问题得以解决后，新的问题，或原来的中优、次优问题可以成为“首优问题”。

（二）排列优先顺序的原则及注意事项

1. 优先解决危及生命的问题。如患者车祸伤致大量出血时，优先解决组织灌注不足的问题，而后解决肢体活动障碍等问题。

2. 按需要层次理论进行排序。先解决最低层次问题，后解决高层次问题，必要时适当调整。如患者呼吸困难，应先解决气体交换受损的问题，后解决社交孤立等问题。

3. 注重照护对象的主观感觉。根据照护对象个人的价值观念、生活方式、对健康问题的观点和感受，在与治疗、护理原则无冲突时，与服务对象协商，按照其意愿优先解决身心需要。如抑郁患者拒绝输液、吃药治疗，这时不能强制，应关心患者，由心理师介入进行心理疏导，使患者接受后续治疗。

4. 一般优先解决现存的问题，但如果潜在的问题性质严重，会危及患者的生命时，应列为首优问题。如食管胃底静脉曲张患者“有出血的危险”，高血压危象患者“有脑出血的危险”，应列为首优问题。

二、确定护理目标

护理目标又称预期目标，是指通过护理干预对照护对象提出的能达到的、可测量的、能观察到的行为目标，包含功能、认知、行为及情感等方面。每个护理诊断都应有相应的目标。预期目标不是护理行为，但能指导护理行为，在工作结束时作为对效果进行评价的标准。

（一）目标的种类

1. 短期目标　指一周内可达到的目标，适合于病情变化快、病情需立即控制、住院时间短的照护对象。如体液不足、清理呼吸道无效等问题需提出短期目标，如 24 小时后患者尿量达到 40 ml/h。

2. 长期目标　指一周以上甚至数月之久才能实现的目标。长期目标往往需要一系列短期目标才能实现。如一个月后患者右手能自行抬起至超过头部。

（二）目标的陈述方式

预期目标的陈述包括主语、谓语、行为标准、条件状语、评价时间。

1. 主语指照护对象或照护对象身体的任何一部分。如患者、患者左腿等，主语可以被省略，如不说明即为照护对象。

2. 谓语是行为动词，指主语将要完成且能被观察到的行为，必须用行为动词来说明。

3. 行为标准指主语在特定的时间内完成行为后达到的标准。包括时间、距离、速度、次数等。

4. 条件状语指主语在完成某行为时所处的条件状况，不一定在每个目标中都出现。

5. 评价时间指照护对象应在何时达到目标中陈述的结果。

例 1：五日后　患者　在护士协助下　床边行走　每次 50 m，每天 3 次。
　　评价时间　主语　条件状语　　谓语　　　行为标准

例 2：三日后　患儿体温　维持在　36 ~ 37℃。
　　评价时间　主语　　谓语　行为标准

例 3：一个月后　患者右腿　自行　抬离　床面 20 cm 并维持 5 分钟。
　　评价时间　　主语　条件状语　谓语　　　行为标准

（三）目标陈述的注意事项

1. 目标应以照护对象为中心　目标的主语是照护对象或其身体某部分。目标是通过护理手段使照护对象达到的结果，而不是护理行动本身。如“3 天内患者能复述胰岛素治疗的目的、意义”，这一目标中主语是患者，目标也是患者要达到的。如果是“让患者知晓胰岛素治疗的目的、意义”，这一陈述主语则是护士，目的是要求护士所要达到的标准，不属于预期目标。

2. 目标应有针对性　一个护理诊断可制订多个目标，但一个目标不能针对多个护理诊断。

3. 目标切实可行，在照护对象的能力范围之内，可测量、可评价。避免使用含糊不清、不明确的词句，如减少、增强、了解、适量等词语。

4. 目标应在护理技能所能解决的范围之内，并要注意医护协作，即与医嘱一致。

5. 目标陈述的行为标准应具体，以便于评价。

6. 鼓励照护对象积极参与目标制订，提升照护对象对健康管理的认知，成为自我健康管理的第一责任人。

7. 潜在并发症是合作性问题，护理往往无法阻止其发生，护士的主要任务是通过监测及早发现，及时告知医生，医护合作针对性处理。潜在并发症的目标可以陈述为“并发症被及时发现并得到及时处理”。

三、制订护理措施

护理措施是护士为协助照护对象达到目标而制订的具体活动内容，这些护理措施可称之为护理干预。制订护理措施是护理人员依据自身的专业知识和实践经验，围绕照护对象的护理诊断，运用评判性思维做出的综合决策过程。

（一）护理措施的分类

1. 独立性护理措施指护士科学地运用护理知识和技能，独立进行的护理活动。

2. 合作性护理措施指护士与其他医务人员相互合作进行的护理活动。

3. 依赖性护理措施指护士遵照医嘱执行的护理活动。

（二）护理措施的侧重点

1. 现存的　制订减少或去除相关因素的措施，监测照护对象的功能状态，为治疗及护理提供依据。

2. 潜在的　制订预防性措施，达到杜绝危险状态发生的目的，监测疾病的发生情况。

3. 可能的　需继续收集资料，进行排除或确定。

4. 综合的　监测、鉴别疾病的发生，协助医生处理。

（三）制订护理措施的注意事项

1. 护理措施应具有科学性　护理措施应基于护理学科及相关学科的理论基础之上，以循证护理为基础，结合个人技能和临床经验，充分考虑照护对象的需要，选择并制订适宜的护理措施。

2. 护理措施应有针对性　护理措施是针对护理目标的，一个护理目标必须对应几项措施，以保证目标的达成。

3. 护理措施要有可行性　护理措施的制订应遵循个体化原则，结合照护对象的身心问题，以及护理人员的配备及专业技术、理论知识水平和应用能力、医疗设备等情况来综合而定。

4. 保证照护对象的安全性　措施的制订一定要以安全为基础。

5. 应与其他医疗措施保持一致性　制订措施时应查阅医嘱和相关记录，意见不同时应与其他医护人员协商，达成共识。

6. 配合性　有些措施需与医师、营养师及照护对象协商取得合作，鼓励照护对象参与制订护理措施。

7. 明确、具体、全面　护理措施要明确执行时间、具体内容、方法，便于执行和检查。

四、书写护理计划

护理计划是将护理诊断、预期目标、护理措施及效果评价等按一定规格组合而形成的护理文件。各家医疗机构书写护理计划的格式不尽相同。

1. 标准护理计划是为节省护士用于文书的时间，根据病种不同制订出相应的标准护理计划。护士在护理同种疾病的照护对象时，从中选择适合的内容。遇到未涵盖的内容，可对标准计划加以补充、完善，以适应个体化的需要。

2. 个体化的护理计划是根据照护对象的具体情况制订的护理计划。护理计划单见表 7–3。

第五节　护理实施

护理实施（nursing implementation）是按照护理计划执行护理措施的过程，以达到护理的预期目标。实施过程包括实施前准备、实施和实施后记录三个部分。实施是将计划付诸实现。从理论上讲，实施是在护理计划制订之后，按计划实施。但在实际工作中，特别是遇上危重患者，往往在计划未制订之前，即已开始实施，然后再补上计划的书写部分。

表 7-3　护理计划单

病区：　　姓名：　　性别：　　床号：　　住院号：　　诊断：

日期	护理诊断	诊断依据	相关因素	预期目标	护理措施	时间	签名
2021.01.10 09：00	体温过高	腋温 39 ℃，面部潮红、呼吸急促、头痛、全身乏力	与肺部细菌感染有关	三日后患者体温维持在 36 ~ 37℃	1. 保持病房内空气清新，温湿度适宜 2. 绝对卧床休息，加用床档 3. 给予高热量、高蛋白、高维生素的流质或半流质饮食 4. 多饮水，每日达 3000 ml 以上 5. 遵医嘱静脉输注抗生素及补充液体，观察用药后反应 6. 严密观察患者生命体征，遵医嘱物理降温，半小时后复测体温，每 4 小时测量体温并记录 7. 做好基础护理，特别是口腔和皮肤护理，及时擦干汗液，勤换衣物 8. 做好隔离，避免探视，避免交叉感染 9. 正确留取标本送检 10. 关心患者，做好心理护理 11. 讲解疾病相关知识及护理和预防措施	2021.01.13 10:00	方家琴

一、实施前准备

照护对象的情况是不断变化的，实施前应再次评估。如果发现计划与照护对象目前的情况不符合，应立即修改，执行护理措施前护理人员应了解自己的知识储备及技术水平是否能胜任实施要求，以便寻求帮助。护理操作前应预测操作带来的风险及可能出现的并发症，做好防范措施，避免或最大程度减少对照护对象的损害，保证安全。对实施时需要的人员、设备、物品、时间及环境应充分评估，并合理安排。

二、实施

实施即执行护理措施，应将所计划的护理活动集中安排，组织落实。

1. 直接提供护理，即按计划的内容对所负责的照护对象进行照顾。

2. 协调和计划整体护理的内容，将计划中的各项护理活动分工、落实任务。

3. 指导和咨询，即对护理对象及其家属进行教育和咨询，并让他们参与一些护理活动，以发挥其积极性，鼓励他们掌握有关知识，以达到自我维护健康的目的。

4. 观察照护对象的反应，注意有无新的健康问题发生，及时评价，为进一步修正护理计划提供资料。

5. 继续收集资料，重新评估护理对象，制订新的计划和措施。

6. 口头交班和书写交班报告，24 小时内护理程序的执行是连续的，所以必须有交班，不断交流护理活动。

执行过程中可以使用“5W1H”分析法，这是一种综合性的分析方法。

知识链接

什么是“5W1H”？

为什么：why。实施的原因，为什么会有这样的需要？

做什么：what。实施内容，有哪些工作要做？

谁去做：who。实施人，由谁做最合适？

何时做：when。实施时间，以什么时间顺序做？

何地做：where。实施措施的场所，最适宜的工作地点是哪里？

怎么做：how。技术和技巧，这是指如何做最好？

三、实施后记录

护理记录是一项重要工作，应及时、准确地记录照护对象的健康问题及病情变化，描述要求客观、简明扼要、重点突出，使用专业术语，不得漏记及涂改。护理记录需根据科室情况制定。

（一）记录的目的

1. 描述照护对象被照护期间的全部经过。

2. 便于其他护理人员查看照护对象的情况。

3. 作为护理工作效果与质量检查的评价依据。

4. 为护理教学、研究提供原始资料。

5. 为处理医疗纠纷提供依据。

（二）记录的内容

1. 实施护理措施后照护对象的反应，护士观察到的护理效果。

2. 照护对象出现的新的健康问题，采取的相应治疗及护理措施。

3. 对照护对象身心状态的评价等。

（三）记录的格式

1. 护理记录的方式有多种，比较常用的是“PIO”格式（即护理问题、措施、结果）。护理记录单见表 7–4。

2. “SOAP”格式（主观资料、客观资料、评估分析、处理计划）。

3. “SOAPIE”格式（主观资料、客观资料、评估、计划、实施、评价）等。

（四）“PIO”记录原则

1. 以护理程序为框架。

2. 反映护理的全过程及动态变化。

3. 内容具体、真实、及时、完整、连贯。

4. 避免与医疗记录重复，但合作性问题一定要记录。

（五）“PIO”记录方法

1. “P”的序号要与护理诊断的序号一致，并写明相关因素。

2. “I”是指与“P”相对应的已实施的护理措施。即做了什么，就记录什么，并非护理计划中针对该问题所提出的全部护理措施的罗列。

3. “O”是指实施护理措施后的结果。可出现三种情况：

（1）一种结果是当班问题已解决。

（2）一种结果是当班问题部分解决或未解决，措施适当，由下一班负责护士继续观察并记录。

（3）一种结果是当班问题部分解决或未解决，若措施不适宜，则由下一班负责护士重新修订并实施的护理措施。

表 7-4　护理记录单

病区：　　姓名：　　性别：　　床号：　　住院号：　　诊断：

日期	时间	护理级别	意识	体温	脉搏/心率	呼吸	血压	血氧饱和度	护理问题	体位	皮肤	基础护理	管路护理	处置	吸氧	入量		出量			其他护理措施及观察	护士签名
				℃	次/分	次/分	mmHg	%							升/分	名称	ml	名称	ml	颜色性状		
2021.01.11	10:00	一级	清醒	39.4	110/110	23	140/80	90	体温过高，焦虑	平卧位	完整	口腔护理	静脉留置针、吸氧管	床栏防护、物理降温	2	生理盐水	500	痰	10	黄脓痰	患者寒战，诉心悸，遵医嘱抽血送检，柴胡注射液2 ml肌内注射，双通道抗生素、补液治疗，予心理护理	方家琴
2021.01.11	10:30	一级	清醒	38.5	101/101	21	132/80	92	体温过高，体液不足	左侧卧位	完整	皮肤护理		指导饮水		稀饭	500				患者大汗淋漓，更换衣物及床单，遵医嘱继续补液治疗，讲解肺炎相关知识及发热的处理方法，示范冰袋的使用	方家琴

第六节 护理评价

护理评价（nursing evaluation）是有计划地、系统地将照护对象的健康状态和健康问题或生命过程的反应与预期目标进行比较，根据预期目标达到与否评定护理计划实施后的效果。必要时，应重新评估照护对象的健康状况，引入护理程序的再一个循环。在护理程序的实施中，评价的重点是照护对象的健康状况，对此进行评价的责任由护士承担。护理评估和评价贯穿于护理活动的全过程。

一、评价方法

1. 调查法　如座谈、访谈、问卷等。

2. 对比法　常用自身对比和相互对比。

3. 观察法　通过对照护对象床边实地观察，记录某些现象和数据，然后进行分析比较，以此评价护理效果。

4. 统计分析法　应用统计学原理处理调查数据，并应用统计学指标进行分析来描述和评价护理效果。

二、评价内容

评价首先要收集资料，这些资料包括如下方面的内容：

1. 身体的外观及功能　通过直接观察和检查病历等来了解照护对象外观和功能的变化情况，并推断这些变化与护理措施的关系。

2. 特殊症状与体征方面　在护理计划中，护理目标之一是缓解或消除影响照护对象健康状况的症状和体征，这些目标达到与否，可以通过直接观察、与其交谈及检查病历来评价。

3. 知识方面　护理确定了照护对象在通过健康教育后应获得的特殊知识。与知识有关的护理目标可通过与其交谈或笔试等方法来评价。

4. 操作技能方面　这一评价常通过直接观察来完成，护士可将所观察到的操作情况与目标中描述的行为相比较。需要注意的是，对于住院环境来说，在教学和评价中所运用的设备必须是照护对象家中所能运用的。

5. 心理和情感方面　照护对象所经历的情感和心理是主观的，通常难以测量。一般是通过行为来间接反映心理和情感。护士通过非正式的交谈、病历讨论、交接班报告、阅读各种观察记录以及直接观察照护对象的表情、体位、声调、语言信息等可进行评价。同时要重视其他医护人员所提供的资料。

三、评价的方式

1. 护士自我评定。

2. 护理查房。

3. 护理会诊。

4. 检查评定　护理组长、护士长、医院质量控制委员会、护理专家的检查评定。

5. 出院护理病例讨论　回顾性地对护理程序实施情况进行评价的一种形式，是在照护对象出院后对整个护理过程的总体评价。

6. 护理病历质量评价　护理病历在护理过程中要及时评价，也要在照护对象出院后做回顾性评价。

知识链接

护理查房和护理会诊的内容

护理查房：

1. 护理查房是评价护理程序实施效果最基本、最主要、也是最经常采用的方式。

2. 护理查房的形式有很多种，按查房内容可分为对比性查房、评价性查房、个案护理及教学查房等。

3. 按查房的护理层级可分为护士查房、护士长查房及护理部查房等。护理查房活动能及时评价护理程序的实施效果，促进护理工作的改进，从而提高护理质量。

护理会诊：

1. 会诊对象为住院的危重、急诊、大手术后或接受新技术、新疗法、新开展手术的患者，以及病情较为复杂的患者。

2. 会诊着重研究如下五个方面的问题：

（1）未能收集到的与健康状况有关的资料，如心理状态、发病诱因、疾病的症状和体征等。

（2）未能明确的护理诊断。

（3）不明确的护理目标。

（4）制订护理计划过程中的困难。

（5）实施护理计划过程中遇到的困难或实施效果不明显。

四、评价的步骤

（一）收集资料

收集执行护理措施后照护对象目前健康状态的资料。

（二）判断效果

按照评价标准，评判预期目标的达成程度。衡量目标实现的程度，包括：

1. 目标完全实现　如预定目标为“1周内产妇能自行正确母乳喂养”，1周后的评价结果如下：喂养姿势正确，婴儿吸吮有力，不哭闹。

2. 目标部分实现　产妇母乳喂养姿势正确，婴儿未含住大部分乳晕，吸吮无力，哭闹。

3. 目标未实现　产妇不能操作。

（三）分析目标未实现的原因

通常从以下几方面进行分析。

1. 所收集的资料是否真实、正确、全面。

2. 护理诊断是否正确。导致出现这类问题的原因通常包括：

（1）资料收集有误。

（2）没有严格按照诊断依据提出护理诊断。

（3）相关因素不正确。

（4）混淆了“有……的危险”的护理诊断和实际存在的“潜在并发症”。

3. 制订的目标是否正确，是否具有针对性、切实可行。如目标超出护理专业范围，超出护士或患者的能力和条件，则目标无法实现。

4. 护理措施是否恰当，执行是否有效。

5. 患者的病情是否发生了变化。

6. 患者及家属是否配合。

（四）重审护理计划

护理计划不是一成不变的，需根据照护对象情况的变化而变化。

1. 停止　对已实现的护理目标，停止原有的相应措施。

2. 继续　目标、措施正确，护理问题有一定程度的改善，但未彻底解决，需继续执行。

3. 修订　目标部分实现和未实现的护理诊断，要分析、寻找原因，修正不恰当的诊断、目标和措施。

4. 取消　原认为存在的问题，经过分析或实践验证不存在，则应予以取消。

5. 增加　在评价过程中出现了新的健康问题，则应将护理诊断、预期目标和护理措施添加到护理计划中。

本章小结

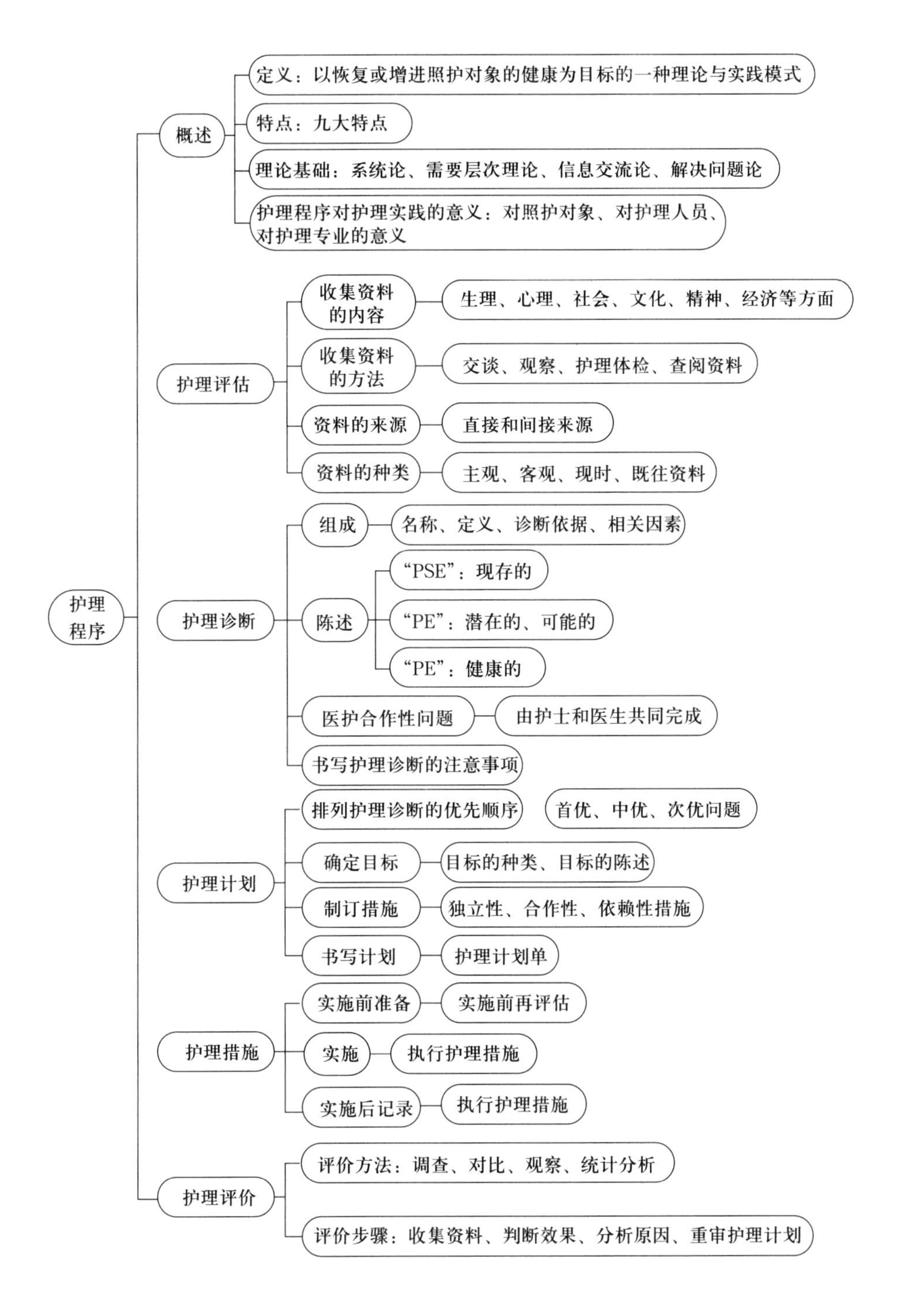
护理程序
概述
定义：以恢复或增进照护对象的健康为目标的一种理论与实践模式
特点：九大特点
理论基础：系统论、需要层次理论、信息交流论、解决问题论
护理程序对护理实践的意义：对照护对象、对护理人员、对护理专业的意义
护理评估
收集资料的内容
生理、心理、社会、文化、精神、经济等方面
收集资料的方法
交谈、观察、护理体检、查阅资料
资料的来源
直接和间接来源
资料的种类
主观、客观、现时、既往资料
护理诊断
组成
名称、定义、诊断依据、相关因素
陈述
“PSE”：现存的
“PE”：潜在的、可能的
“PE”：健康的
医护合作性问题
由护士和医生共同完成
书写护理诊断的注意事项
护理计划
排列护理诊断的优先顺序
首优、中优、次优问题
确定目标
目标的种类、目标的陈述
制订措施
独立性、合作性、依赖性措施
书写计划
护理计划单
护理措施
实施前准备
实施前再评估
实施
执行护理措施
实施后记录
执行护理措施
护理评价
评价方法：调查、对比、观察、统计分析
评价步骤：收集资料、判断效果、分析原因、重审护理计划

自 测 题

一、选择题

【A1/A2 型题】

1. 护理诊断具有的显著特点是（　　）

A. 患者的病理变化

B. 生物学观点考虑问题

C. 通过护理措施能解决的问题

D. 类似医疗诊断

E. 护士对病情的诊断

2. 制订护理措施属于护理程序的哪一步（　　）

A. 诊断　　B. 评估　　C. 计划

D. 实施　　E. 评价

3. 护理问题的分类中，威胁生命，需立即解决的问题是（　　）

A. 次优问题　　B. 中优问题　　C. 首优问题

D. 潜在问题　　E. 合作性问题

4. 合作性问题是护士不能预防和独立处理，需要护士与医生共同合作解决的问题，以下属于合作性问题的是（　　）

A. 体温过高　　B. 有皮肤完整性受损的危险

C. 清理呼吸道无效　　D. PC：出血

E. 气体交换受损

5.（　　）是护士收集资料的主要来源。

A. 医生　　B. 患者亲属　　C. 护士

D. 医疗护理文献　　E. 照护对象

6. 患者王某因“头晕脑胀、双下肢活动障碍 3 天”入院。入院后护士测 T 36.5℃，P 90 次 / 分，R 22 次 / 分，BP 180/110 mmHg。查体：下肢肌张力三级，膝关节红肿。属于主观方面的健康资料有（　　）

A. BP 180/110 mmHg　　B. 头晕脑胀　　C. 肌张力三级

D. 膝关节红肿　　E. 下肢活动障碍

【A3/A4 型题】

（7 ～ 10 题共用题干）

患者李先生，65 岁，既往有慢性阻塞性肺疾病史，一直未规律治疗。3 天前外出淋雨后，咳嗽、咳痰加重，近两日感发热、呼吸费力，咳痰，痰咳不出。今日患者精神萎靡，四肢乏力，呼吸急促，家人立即将其送医院就诊。医生查体：体温 39℃，脉搏 112 次 / 分，呼吸 28 次 / 分，血压 90/54 mmHg，口唇发绀，呼吸困难，双肺布满湿啰音。

7. 以下属于主观资料的是（ ）

A. 精神萎靡　B. 呼吸费力　C. 四肢乏力

D. 体温 39℃　E. 口唇发绀

8. 护士制订 3 天后患者能够独自行走 200 米，属于（ ）

A. 护理评估　B. 护理诊断　C. 预期目标

D. 护理措施　E. 护理评价

9. 以下为首优的护理诊断是（ ）

A. 营养失调　低于机体需要量　B. 体温过高

C. 躯体活动障碍　D. 知识缺乏

E. 气体交换受损

10. 患者咳嗽、咳痰，痰咳不出，护理诊断为“清理呼吸道无效”，是（ ）类型的护理诊断。

A. 现存的　B. 潜在的　C. 健康的

D. 不存在的　E. 合作的

（11 ~ 14 题共用题干）

患者王先生，54 岁，既往有高血压病史，不规律服用贝拉普利控制血压，未监测血压。今晨起床上厕所时，患者感头晕，突发右侧肢体乏力，上肢不能抬起，呼喊家属时发现不能流利说话，伴流涎，家属立即呼叫“120”，测血压 150/100 mmHg，CT 检查发现低密度影。

11. 患者突发的疾病是（ ）

A. 脑出血　B. 低血钾　C. 冠心病

D. 急性脑梗死　E. 梅尼埃综合征

12. 排除禁忌证后患者应立即行什么治疗（ ）

A. 补钾　B. 手术清除血肿

C. 使用阿替普酶静脉溶栓　D. 静脉泵入硝普钠

E. 抗生素治疗

13. 患者的首优护理诊断是（ ）

A. 躯体移动障碍　B. 吞咽障碍　C. 语言沟通障碍

D. 知识缺乏　E. 焦虑

14. 患者治疗中最主要的医护合作性问题是（ ）

A. 感染　B. 窒息　C. 头晕

D. 出血　E. 过敏

二、简答题

1. 护理程序有哪几个步骤？

2. 简述护理诊断排列优先顺序的原则及注意事项有哪些？

（方家琴　敖　春）

第八章　健康教育

学习目标

1. 说出健康教育的概念、原则、程序和方法。

2. 列出健康教育的意义、注意事项。

3. 运用相关知识评估照护对象需要的满足程度，实施个性化健康教育。

4. 规范应用健康教育相关理论、知识、技能，通过有效沟通，表现出尊重、关爱患者的态度或行为。

案例 8-1

患者女，55 岁，因诊断为 2 型糖尿病首次收入医院，经胰岛素泵强化降糖治疗后血糖控制平稳。医嘱带口服降糖药出院，并注意监测血糖，出院前护士对其进行健康教育。

思考

1. 护士应对患者进行健康教育的内容包括哪些？

2. 可采用何种健康教育方式？

健康教育是一项以提高全民健康水平为目标的教育活动与社会活动，是健康促进的组成要素之一，是我国积极参与全球健康治理、履行我国对联合国《2030 年可持续发展议程》承诺的重要举措，是实现“建立职业教育服务社区机制”“共建共享、全民健康”的重要途径。

第一节　概　述

一、健康教育的概念

健康教育是借助多学科的理论和方法，通过信息传播和行为干预，帮助个人和群体掌握卫生保健知识，树立健康观念，自愿采纳有利于健康的行为和生活方式的教育活动与过程。健康教育的中心是行为问题，核心是促使个体和群体改变不健康的生活方式，培养社会人群树立大卫生、大健康的理念。本质是教育个人、家庭和社区对自己的健康负责，使个体、家庭、社会群体学会自我保健，防止疾病及意外的发生，学会合理用药，恢复并保持健康，进而形成热爱健康、追求健康、促进健康的社会氛围。因此，健康教育应该面对全社会人群并贯穿于个体的生命全周期。

二、健康教育的意义

（一）健康教育是实现《2030 年可持续发展议程》目标的重要策略

2016 年 1 月 1 日，联合国正式启动《2030 年可持续发展议程》，在其 17 项目标中，目标 3 即为“确保健康的生活方式，促进各年龄段人群的福祉”。此目标涵盖了降低活产死亡率、非传染性疾病导致的过早死亡率、全球公路交通事故死亡率、危险化学品以及空气、水和土壤污染导致的死亡率和患病率，加强消除艾滋病等疾病流行，控制滥用药物，确保普及性健康和生殖健康保健服务，实现全民健康保障及酌情在所有国家加强执行《世界卫生组织烟草控制框架公约》等内容。健康教育是实现此目标的关键。

为了更好地积极参与全球健康治理、履行对联合国《2030 年可持续发展议程》的承诺，我国于 2016 年 10 月 25 日由国务院发布并实施了《“健康中国 2030”规划纲要》（以下简称《纲要》）。在《纲要》中强调“以普及健康生活、优化健康服务、完善健康保障、建设健康环境、发展健康产业为重点，把健康融入所有政策，全方位、全周期保障人民健康，大幅提高健康水平，显著改善健康公平。”《纲要》点明了健康教育的重要性。

（二）健康教育是节约医疗卫生资源，提高人类健康水平的有效举措

半个多世纪以来，无论是发达国家还是发展中国家，医疗卫生费用都呈上升趋势。WHO 指出“1 美元的健康投资可取得 6 美元的经济回报”。可见健康教育是一项投入低、产出高、效益好的投资行为，是节约卫生资源、提高人们健康水平的有效措施。人们只要改变不良的行为方式和生活习惯，采取有益于健康的行为，就能有效降低疾病的发病率和病死率，减少医疗费用。健康教育的成本投入所产生的效益，远远大于高昂医疗费用投入所产生的效益。

2017 年 1 月 22 日，国务院办公厅发布《中国防治慢性病中长期规划（2017—2025 年）》，其中明确指出“慢性病是严重威胁我国居民健康的一类疾病，已成为影响国家经济社会发展的重大公共卫生问题”。“加强健康教育，提升全民健康素质”是此规划的第一项策略与措施。通过健康教育可达到少患病、缓发病、缓进程的作用。如我国开展减盐、减油、减糖、健康体重、健康口腔、健康骨骼，即“三减三健”专项行动，发布适合不同人群特点的膳食指南，深入开展控烟宣传教育，加大全民心理健康科普宣传力度，强化不安全性行为和毒品危害的健康教育，推进慢性病“防、治、管”整体融合发展等。这些措施都有效提高了全民健康素养。

（三）健康教育是护理的工作范畴和质量保障

健康教育是护理任务之一，是护士的责任范围。在护理学实践范畴中，无论是临床护理、专科护理、社区护理、护理管理，还是护理教育、护理科研，健康教育都直接或间接融入其中，构成了护理实践不可缺失的重要部分。如临床护士在静脉输液过程中告知照护对象不同年龄、不同疾病、不同药物滴速不同，使照护对象知晓遵医行为的重要性，进而达到准确用药的目的。

三、健康教育的原则

（一）科学性原则

健康教育是一项科学性很强的工作。要求教育内容要有科学依据，引用数据准确无误，举例应实事求是，技能方法正确，及时应用新知识、指南及专家共识等，保证学习者能获得科学的健康知识。

（二）可行性原则

健康教育计划应评估其可行性。健康教育的核心是养成良好的行为生活方式。而人们的行为或生活方式受文化背景、经济条件、卫生服务、社会习俗等多因素影响，如饮食习惯、居住条件、社会规范、市场供应、工作环境等，因此健康教育必须考虑到相关制约因素，必须建立在符合当地的社会、经济、文化及风俗习惯的基础上，否则难以达到预期目标。

（三）针对性原则

按照护理学中的“人”拟订健康教育计划，包括个体、家庭、社区、社会四个层面。针对不同的人群、个体，具体实施的步骤、措施可能不同。如针对个体进行高血压防治的健康教育，应根据原发性高血压病诊治指南，比对引发原发性高血压病的危险因素，判断个体是否属于原发性高血压病患者或者是否属于原发性高血压病的高危人群，然后结合个体的年龄、性别、个性特征、文化背景等设计健康教育内容、方法，确保健康教育的实施。同样，根据家庭健康档案拟定的健康教育，也要适用于具体家庭。

（四）合作性原则

健康教育不仅需要学习者、教育者以及其他健康服务者的共同参与，还需要动员社会和家庭等支持系统的参与，以帮助学习者采纳并养成健康的行为习惯，才能使整个教育过程达到预期目标。

（五）遵循教学原则

教学原则是根据教育教学目的、反映教学规律而制订的指导教学工作的基本要求。教学原则在教学活动中的正确和灵活运用，对提高教学质量和教学效率发挥着重要的保障性作用。一般地说，教学活动越是能够符合教学原则，就越容易成功。在健康教育活动中，常用到的教学原则包括教学最优化原则、启发性原则、理论联系实际原则、循序渐进原则、因材施教原则、量力性原则、直观性原则、师生协同原则、反馈调节原则、教学相长原则、多样性原则等。如列举案例进行启发、制作微课直观教学、讨论个体具体情况，以便因材施教和选择最优化健康教育方案等。

（六）保护性原则

在健康教育活动中，护士组织健康教学内容时应注重隐私的保护及受教育对象对不良信息的承受能力。如对艾滋病等特殊病种的健康教育，要确保列举内容无隐私侵权，在组织实施教学活动时，应站在中立的角度，以免对接受教育者产生身心损害；在死亡教育时，要仔细评估受教育对象的抗挫能力，注意语言表达的艺术性及教育的程序性，保证受教育者免受强烈的心理冲击。

（七）行政性原则

健康教育活动具有医学属性和社会属性，既要由医护专业人员利用专业理论、知识、技能组织实施，也要靠政府规划（如《“健康中国 2030”规划纲要》）、相关部门支持（如媒体），甚至全民动员参与，方能做到“形成热爱健康、追求健康、促进健康的社会氛围”，达到全民健康的目标。

四、健康教育的内容

在护理工作中的健康教育主要包括一般性的健康教育、特殊健康教育、卫生法规的教育及患者的健康教育等方面。

1. 一般性的健康教育　帮助人群了解增强个人及群体健康的基本知识，促进其采取健康行为。内容包括个人卫生、合理营养与平衡膳食、疾病防治知识及精神心理卫生知识等。例如世界卫生组织提出健康的四大基石为：合理膳食、适量锻炼、戒烟限酒和心理平衡。护士开展相关的健康教育，可帮助人群了解四大基石的具体内涵，指导其建立科学、健康的生活方式，预防慢性非传染性疾病，维护身心健康。

2. 特殊健康教育　针对特殊的人群或个体所进行的健康教育，其中包括妇女健康知识、儿童健康知识、中老年的预防保健知识、特殊人群的性病防治知识、职业病的预防知识及学校卫生知识等。例如职业健康教育主要开展职业卫生与安全教育，使职工了解、识别其作业环境及其在环境中可能接触到的各种健康危害因素，以及这些因素对健康的影响、控制危害因素的措施和自我防护方法等，促使其改变不良作业方式，并重视职业心理健康教育。

3. 卫生法规的教育　帮助个人、家庭及社区了解有关的卫生政策及法律法规，促使人们建立良好的卫生及健康道德水平，提高居民的健康责任心及自觉性，使他们自觉地遵守卫生法规，正确、合理地利用卫生保健资源，维护个体权利，促进社会健康。

4. 患者的健康教育　包括门诊教育、住院教育和随访教育。①门诊教育是根据门诊患者就医过程的主要环节，针对患者的共性问题实施教育活动，包括候诊教育、随诊教育、健康教育处方、门诊咨询教育、门诊专题讲座和门诊短期培训班等，例如糖尿病的自护训练、心脏病及高血压的预防及产前教育等。②住院教育涵盖入院教育、病房教育及出院教育，旨在提高患者住院适应能力和自我保健能力。住院患者的健康教育应根据不同的病因，确定患者及家属的需要，设立相应的健康教育目标，提供教育，以使患者及家属了解病情，积极地参与治疗护理，早日康复，预防疾病的复发。主要内容涉及多方面，诸如：入院时对患者及家属介绍住院规章制度及服务内容；住院期间对患者进行心理指导、饮食指导、作息指导、用药指导、行为指导（如指导慢性阻塞性肺疾病患者进行腹式呼吸）及特殊指导（如术前、术中及术后指导）；出院前向患者及其家属指导如何继续巩固治疗、预防复发和定期检查。③随访教育主要针对有复发倾向、需要长期接受健康指导的慢性病患者，对其进行相应的健康指导。

第二节　健康教育的程序及方法

一、健康教育的程序

健康教育是以护理程序为框架组织实施，步骤包括评估与诊断、制订教育计划、实施教育和评价教育效果。

角色扮演

旁白：李某，女，52岁，需要注射胰岛素维持血糖浓度。护士小张根据《中国糖尿病药物注射技术指南（2016年版）》拟订健康教育计划，目标是教会李某正确操作，减少胰岛素吸收变异，取得最佳治疗效果。小张面带微笑走进病房："李阿姨，根据病情，您需要用胰岛素治疗，明天我就开始教您注射方法""我要自己注射？"李某显露出了焦虑的表情。"是的，李阿姨，别怕，待会我带您认识下王阿姨，她也是这次来住院刚学会为自己注射胰岛素，注射得挺好的。"李某说："好的"。

人物：由两名学生分别扮演故事人物，进行课前表演。

请问：

1. 李某在学习注射前，护士首先应帮助其解决的准备措施是什么？

2. 护士的健康教育计划主要应包括哪些内容？

（一）评估

评估是指收集相关资料和信息，根据学习者的学习需要、文化背景、身心状况、学习资源等，进行科学判断，确定健康教育的内容和方法。

1. 评估学习者的问题　收集内容包括一般状况、健康状况、对健康教育内容的认知程度、社会支持系统等。如护士观察到妻子住院期间血糖波动大是因为深爱着妻子的丈夫给妻子"加餐"。改变夫妻俩的认知，建立控制饮食是一项重要的治疗措施的理念、形成自觉遵医行为即为护士实施健康教育的主要内容。

2. 评估学习者的准备程度　学习准备包括身体准备、心理准备和学习资源的准备。

（1）身体状况：护士在开展健康教育之前，应先收集相关资料，如针对住院患者的病情是否允许开展健康教育；如针对社区老年人的健康教育，他们的听力、视力、行动情况等。根据相关资料进行评估，有利于教学内容、时间、方法的选择。

（2）心理状况：评估学习者的动机、兴趣、需要、认知能力，充分调动个体和（或）群体的学习积极性和主动参与性。如抑郁症患者，是自愿接受，还是顾及家人感受而被动参加健康教育；如在社区进行合理膳食健康教育时，了解社区居民对《中国居民膳食指南（2016版）》

的知晓程度等，以做到知己知彼。了解社区中的“厨房达人”，以便更好地调动其积极性和参与性等。

（3）学习资源：包括实施健康教育的对象和采用的工具。如在社区普及测血压技能，需了解参与学习的人数、人员结构，有血压计的家庭数量，以便安排护士人数及充分准备教学用具，提高健康教育的有效性。

3. 社会文化背景评估　了解学习者的职业、文化程度、信仰、价值观、生活环境、生活方式、行为习惯、经济条件、以往学习经验等，判断学习者的喜好和个性化要求，以促进健康教育的顺利进行。

4. 支持系统的评估　充分利用学习者的支持系统，即学习者的父母、配偶、子女、好友和同事等，了解他们的认知程度及与学习者的疏密关系，对学习者的影响至关重要。如对高血压病的用药认知程度较高、与老年学习者关系密切的子女，在护士实施相关健康教育时，积极与父母沟通，即可起到事半功倍的作用。

5. 护士自身的评估　主要评估两方面，一是参与施教护士的人员结构、专业水平、有效沟通能力等；二是健康教育需要安排的时间、环境、设备和材料。以便根据健康教育的具体情况，达到最佳教育。

（二）制订健康教育计划

健康教育计划包括排列健康教育的顺序、确定健康教育目标、制订健康教育措施及书写健康教育计划四方面内容。

1. 排列健康教育的顺序　照护对象的健康问题往往是并存的，护士应根据照护对象的具体情况排列实施健康教育的顺序，以达到最优化的健康教育效果。如慢性肺源性心脏病患者痰液黏稠不易咳出，有吸烟史且尚未戒烟，通过排序，护士首先应解决咳痰问题，健康教育内容为有效咳嗽；之后的健康教育包括缩唇呼吸、戒烟、合理膳食、适量运动、预防感冒等。

2. 确定健康教育目标　健康教育的最终目标是帮助国民了解健康内容，促进国民提高认知，改变不良生活方式，逐渐形成健康的生活方式，学会自我照护，推动人人参与、人人尽力、人人享有，即“共建共享”的模式构建，减少疾病发生，实现全民健康。

目标陈述为：主语、谓语、行为标准、条件状语、时间评价。

根据教育内容，可将教育目标分为认知目标、态度目标和技能目标三类。

（1）认知目标：指学习者通过对健康理论、知识的学习，所达到的目标。其陈述方式为：“护理对象能说出……”“护理对象能列出……”“护理对象能描述……”“护理对象能区别……”。如根据《高尿酸血症与痛风患者膳食指导》讲授常见食物嘌呤含量，预期目标是“患者能说出鸡肝、鸭肝、鹅肝、猪肝、牛肝、羊肝及鸡胸肉、扇贝含嘌呤量的由高到低的正确排序”。通过患者反馈情况，评价达标效果。

（2）态度目标：指学习者通过对价值的自我认识，导致健康相关态度的形成和改变。其陈述方式为：“护理对象能接受……”“护理对象能配合……”“护理对象能表达……”。如痛风患者通过健康教育，决定改变烹饪海鲜的习惯，接受煮后弃汤的吃法，即护士制订的态度目标“患者能接受减少海产品嘌呤含量的饮食方法”达标。

（3）技能目标：指学习者通过护士的指导和示范，掌握了某种技能，即能正确实施操作。其陈述方式为：“护理对象能/学会操作……”“护理对象能示范……”“护理对象能模仿……”。如根据《中国糖尿病药物注射技术指南（2016年版）》指导患者学习自我注射胰岛素，在讲授正确注射技术的内容中包括了注射部位的轮换、注射角度的选择、捏皮的手法、胰岛素的贮存、胰岛素混悬液的混匀等。护士拟定目标为“患者在5天内学会正确注射胰岛素的技术”。通过学习，患者在5天内达标。

3. 制订健康教育措施　健康教育措施是护士帮助照护对象实现健康教育目标的护理活动和具体方法，是护士依据自身专业素质，围绕照护对象需要通过健康教育解决的问题，遵循相关健康教育原则，做出的综合决策过程。如到社区依据《老年人膳食指导》进行健康教育，若选择直观教学法，评估该社区老年人的综合情况后，在手册、PPT、微课、演示等直观教学中再进行选择单一或多样教学方法，以及是否在直观教学法基础上增加练习法等。

4. 书写健康教育计划　健康教育计划要体现整体护理观，遵循护理程序，根据照护对象生理、心理、社会等需要程度，结合卫生健康委员会发布的临床路径，相关疾病的诊治指南、专家共识，相应的法律、法规及政策而制定。除此之外，健康教育计划还应包括详细的进程、人员、时间、教学地点、设备及教学资料、健康教育记录、评价方式的安排。

书写健康教育计划的注意事项：

（1）体现整体护理的内涵，即健康教育涵盖人的整体生命周期，范围包括个体、家庭、社区、社会的层面。

（2）护理程序既是工作方法也是思想方法。

（3）符合健康教育对象的需要顺序，对应目标和措施。

（4）涉及卫生健康委员会发布过临床路径的疾病，必须参照路径相关内容制订护理临床路径中相应健康教育内容。

（5）健康教育内容要与相关疾病的诊治指南、专家共识，相应的法律、法规及政策相吻合。

（6）必须遵循健康教育原则。

（7）灵活应用健康教育的方法。

（8）其他：如人员、时间、地点、记录等的安排。

（三）实施

实施包括实施前准备、实施、实施后记录三个步骤。

1. 准备　根据健康教育书写内容评估准备情况，核实符合条件，进入实施阶段。

2. 实施　应按计划组织实施，注意实施的整体性与灵活性相结合，以便达到最佳健康教育效果。

3. 记录　注意记录实施过程的效果及不足，提供修订依据。

（四）评价

依据健康教育目标进行效果评价。评价的主要方法包括访谈法、观察法、提问法、问卷调查法等。评价包括短期评价、中期评价和长期评价三个阶段。要落实人人成为自我健康的第一责任人和“形成自主自律、符合自身特点的健康生活方式”。

知识拓展

健康教育的模式

一、健康信念模式

健康信念模式是运用社会心理学方法解释健康相关行为的重要理论模式。该模式阐述了健康信念对人们健康行为的影响，强调个体的主观心理过程，即期望、思维、推理、信念等对行为的主导作用，说明健康信念是人们接受劝导、改变不良行为、采纳健康行为的关键。健康信念模式主要由4部分组成：对疾病威胁的认知、自我效能、提示因素、影响及制约因素。

二、知－信－行模式

知－信－行模式即知识、信念和行为的简称。“知”，是指对疾病或危害健康的相关知识的认知和理解；“信”，是指对已获得的相关知识的信任，对健康价值的态度；“行”，是指在健康知识、健康信念的动力下，产生有利于健康的行为。

三、保健过程模式

保健过程模式是用于指导保健计划实施及评价的模式，其特点是从结果入手，用演绎的方式进行思考，从最终的结果追溯到最初的起因。该模式不仅解释个体的行为改变原因，还把与健康相关的环境纳入视野，由个人健康扩大到社区群体健康，并且强调健康教育中学习者的参与，将学习者的健康与社会环境紧密结合。

二、健康教育的方法

健康教育的过程也就是“教”与“学”的过程，健康教育的方法即教学方法。教学方法包括教授方法和学习方法两方面，是教授方法与学习方法的统一。教授法必须依据学习法，否则便会因缺乏针对性和可行性而不能有效地达到预期目标。教学的方法很多，护士可以根据健康教育的目的选择合适的教学方法。

（一）讲授法

讲授法是护士通过语言系统向学习者描绘情境、叙述事实、解释概念、论证原理和阐明规律的教学方法，是最常用、最基本的一种健康教育手段。无论健康教育对象属于个体、家庭、社区还是社会，都可能采用此方法，如借助媒体或走进社区的健康知识专题讲座、家庭访视、住院患者的健康教育等均适用。

（二）讨论法

讨论法是针对学习者的共同需要，或存在的相同的健康问题，以小组或团体为单位，大家相互交换意见、展开讨论的一种教学方法。

1. 一对一讨论法　一对一讨论是一种简单易行的健康教育方法，在讨论过程中，教育者能及时了解并解决学习者存在的健康问题，有利于“教”与“学”的互动。如与低龄怀孕少女家长讨论如何促进孩子身心成长，正视孩子怀孕的现实，避免家庭悲剧的发生。

2. 小组讨论法　小组讨论一般由 3 ~ 7 人组成，共同参与某一健康问题的讨论。讨论成员各抒己见，集思广益，学习者之间可以相互学习，护士也能及时给予指导，并注意把握讨论方向，鼓励所有成员积极参与。护士在组织讨论之前，可以先讲授或事先布置讨论主题，发放相关资料和（或）教具，让参与者对讨论问题有所准备。讨论结束后注意及时评价效果。

（三）演示法

演示法是护士通过展示各种实物、教具，进行操作示范，或通过现代化教学手段，使学习者获取知识、掌握技能的教学方法。这是一种针对性强的健康教育手段，可广泛运用于社区健康教育、家庭访视及护理专科门诊。演示法常配合讲授法、谈话法一起使用，示范的同时给予解释、提问、答疑，使学习者能仔细了解操作步骤及要点，必要时让学习者在护士的指导下进行练习，直至掌握该项操作。演示法对护士的专业知识、技能的应用能力和沟通能力要求较高。如果护士能很好地满足学习者的需要，则容易建立起良好的照护关系。如伤口护理专科门诊，接诊糖尿病足患者后，评估伤口情况、相关因素，制订治疗方案和伤口护理方案并实施，对患者及家属通过演示法进行相关知识、技能培训，在相应时间段内对伤口给予阶段及全程评价，及时修订计划，进行有效管理，以保证伤口护理达到最佳效果。在糖尿病足伤口管理中，健康教育不仅存在于培训过程，而且贯穿于伤口管理的全阶段。

（四）案例教学法

案例教学法是以“以病例为先导，以问题为基础，以学习者为主体，以护士为主导”为核心的教学方法，适用于个体、家庭、社区的健康教育。在社区进行案例教学时，以小组讨论形式呈现，将讨论主题变更为案例即可。如到社区进行针对流感的健康教育，可以先设置普通感冒为典型案例，进行小组讨论，然后再从病因、传播途径、发病机制、临床表现、治疗护理措施等方面通过通俗易懂的方法（如漫画、微课等）进行比较，最后评价健康教育效果。

（五）个别会谈法

个别会谈法指健康教育工作者根据学习者已有的知识经验，借助启发性问题，通过口头问答的方式，引导学习者比较、分析和判断来获取知识的方法。这是一种简单易行的健康教育方法。会谈前要预先了解学习者的基本背景资料，如姓名、年龄、受教育程度、家庭状态及职业等。会谈的环境应安静、舒适，有利于交谈。会谈的内容应从最熟悉的人或事物谈起，使学习者产生信任感，并注意与学习者建立良好的关系。谈话内容要紧扣主题，及时观察及了解学习者对教育内容的反应，并鼓励学习者积极参与交谈。一次教育内容不可过多，以防学习者产生疲劳。会谈结束时应总结本次的教育内容，并了解学习者是否确实了解了教育内容，如有必要，预约下次会谈时间。

（六）角色扮演法

角色扮演法是一种情景模拟活动。学习者模拟某一角色，将角色的言语、行为、表情及内心世界表现出来，以学习新的行为或解决问题的方法。角色扮演具有两大功能：一是具有测评的功能，在情景模拟中，可以测评学习者的内心世界；二是培训功能，可以帮助学习者通过角色扮演了解健康教育相关的知识。如针对家庭心理健康问题，通过互换角色的扮演，有利于帮助家庭成员发现各自存在的问题，学会换位思考，在解决自身问题的同时，帮助家人共同成长。

（七）情境教学法

情境教学法是指在教学过程中，护士有目的地引入或创设具有一定情绪色彩的、以形象为主体的生动具体的场景，以引起学习者一定的态度体验，从而帮助学习者理解教材，寓教学内容于具体形象的情境之中的教学方法。适用于社区、社会层面的健康教育。如针对急性心肌梗死“自救”与“呼救”并重的健康教育，实施教育团队将“自救”“呼救”过程编排为情境剧，到社区进行表演，通过现场收集纸条及表演前后问卷，了解健康教育效果。

（八）参观法

参观法是指根据健康教育内容，组织学习者进行实地参观、学习，获得新知识和习得间接经验的方法。如通过视频观看手术室正在进行的腹腔镜胆囊摘除术，让择期手术者及家属对手术整个流程有直观的认知，减轻术前焦虑甚至恐惧心理，以利于术后伤口愈合。

（九）数字化教学法

数字化教学法是以数字化信息和网络为基础，在计算机和网络技术、通讯技术上建立起来的，对健康教育的学习者进行知识、技能传授的教学方法。如开发各种健康教育微课，借助互联网站、手机 App、腾讯 QQ 及微信公众平台等对学习者实施健康教育。

（十）其他健康教育方式

除了上述教育方式外，还可采用其他多种方式进行健康教育，如利用报纸、书刊、小册子等唤醒人群的健康意识，利用各种社会团体及民间组织活动的机会进行健康教育。

三、健康教育方法的选择

在选择教育方法时应注意以下原则：

（一）目的性

所选择的教育方法是实现教学目标的最佳途径。

（二）经济性

教育方法的选择必须充分地利用当地资源，费用低廉。

（三）实用性

教育方法的选择应符合学习者的社会文化背景，使学习者易于接受，满足学习者的需求。

（四）配合性

一种教育方法须与其他方法相配合，以取得良好的教育效果。

四、健康教育的注意事项

作为开展健康教育的护士，应具备扎实的相关理论知识，不仅要熟悉如何解释行为的存在，而且要知道如何改变个体、群体和社会的行为。在实施健康教育时，综合应用护理程序和行为科学理论对受教育者的行为进行分析和诊断，确定影响健康行为的倾向因素、促成因素和强化因素，并依此确立健康教育的目标，为健康教育计划的实施和评价提供依据。对学习者合理的、正确的健康行为，应给予鼓励并促使其积极维持；反之，对于不健康的行为，则应因势利导，促使其将不利于健康的消极因素转变为有利于健康的积极因素。为达到上述健康教育的目标，护士应注意以下问题：

（一）注意沟通技巧

健康教育的实施涉及与学习者的沟通，因而有效沟通是基础，护士需要运用语言沟通和非语言沟通技巧，清楚准确地传递相关信息，注意观察学习者的反应、倾听其需求和意见，尊重学习者，从而增强其参与健康教育活动的意愿。

（二）健康教育的个性化

由于学习者的性别、年龄、文化层次、职业、社会经济地位及面临的健康问题不同，其对健康教育的需求和接受能力可能存在差异。护士对各类群体和个人进行健康教育时，需评估这些差异，因人而异，设计不同的教育方式和内容，满足不同学习者的需求。

（三）健康教育的方式宜多样化

研究表明，相比较于单一的健康教育方式，多种形式的健康教育方式，如专题讲座、墙报、电视录像和同伴教育等，能提高学习者接受健康教育的积极性。随着现代信息技术的进步，健康教育应注意利用新的信息传播技术，如互联网、各类媒体媒介、智能手机等，开拓健康教育的新渠道和新形式，增加学习者的接受性。

（四）健康教育应注重理论与实践相结合

护士在帮助个体和群体掌握基本健康知识、提高自我保健意识和能力的过程中，应注意将理论知识和实际应用相结合，循序渐进地传授相关内容或技能，促进学习者真正理解和掌握这些知识和技能，并在实际生活中自觉运用所学知识和技能。

（五）创造良好的学习环境和氛围

物理环境嘈杂、光线偏暗、温度过高或过低均会影响教育效果。此外，教育者的状态以及学习者的学习兴趣和热情也会影响教育的气氛。因此，应尽量提供环境安静、光线充足、温度适宜和教学音响设备良好的物理环境，并积极调动学习者的学习热情，营造良好的学习氛围，以保证教育效果，达到教育目标。

综上所述，健康教育是一种有目的、有组织、有计划的系统活动。通过健康教育活动，促使人们改变不良的生活习惯，自觉采纳有益于健康的行为和生活方式，从而达到预防疾病、促进健康和提高生活质量的目的。健康教育对于提高人群的健康素养，促进国家的卫生事业发展具有重要意义。护士可以通过多种途径及方法，对服务对象实施健康教育，以达到促进全民健康的目的。

本章小结

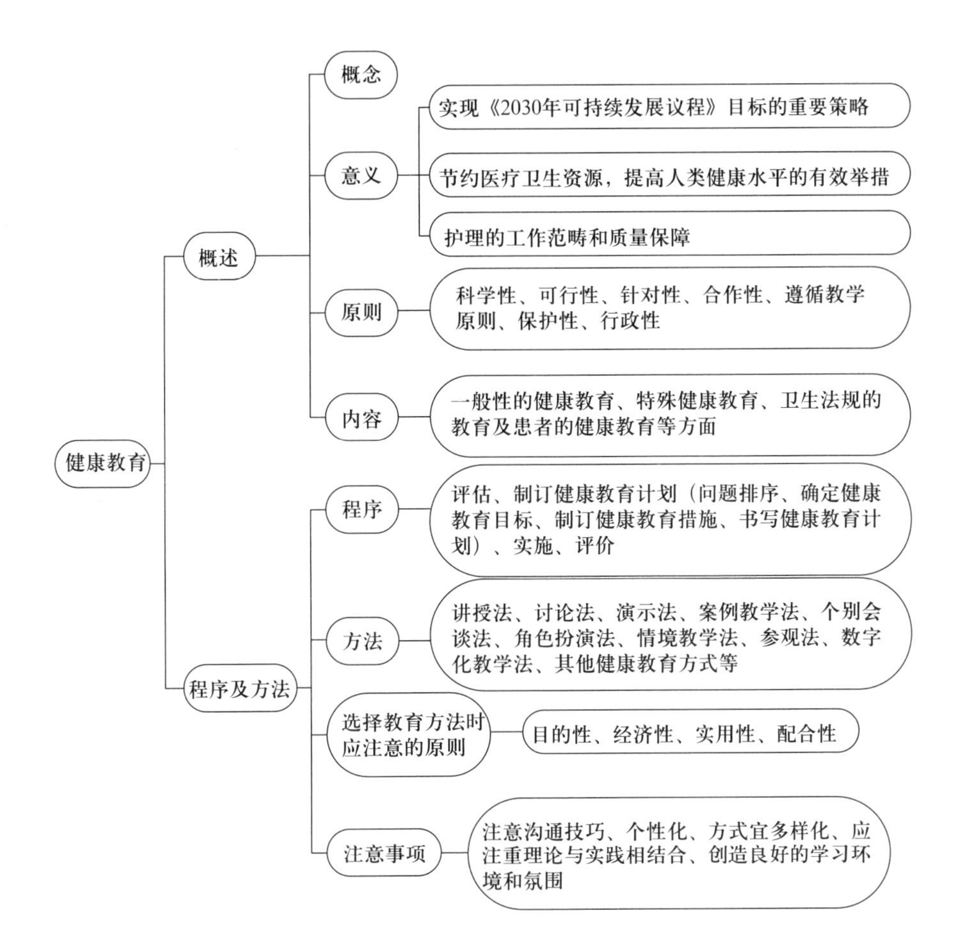
健康教育
概述
概念
意义
实现《2030年可持续发展议程》目标的重要策略
节约医疗卫生资源，提高人类健康水平的有效举措
护理的工作范畴和质量保障
原则
科学性、可行性、针对性、合作性、遵循教学原则、保护性、行政性
内容
一般性的健康教育、特殊健康教育、卫生法规的教育及患者的健康教育等方面
程序及方法
程序
评估、制订健康教育计划（问题排序、确定健康教育目标、制订健康教育措施、书写健康教育计划）、实施、评价
方法
讲授法、讨论法、演示法、案例教学法、个别会谈法、角色扮演法、情境教学法、参观法、数字化教学法、其他健康教育方式等
选择教育方法时应注意的原则
目的性、经济性、实用性、配合性
注意事项
注意沟通技巧、个性化、方式宜多样化、应注重理论与实践相结合、创造良好的学习环境和氛围

自 测 题

一、选择题

【A1/A2 型题】

1. 下列关于护理健康教育程序的表述中，不正确的是（　　）
   A. 护理健康教育程序是一个系统的、连续不断的过程
   B. 护理健康教育程序遵循护理程序的总体要求
   C. 通过实施护理健康教育计划达成教育目标
   D. 由评估、制订计划、实施计划、效果评价等环节组成
   E. 评价只是健康教育程序完成后对效果的检测

2. 健康教育的核心是（　　）
   A. 建立个体是健康第一责任人理念
   B. 有效控制影响健康的生活行为因素
   C. 形成自主自律、符合自身特点的健康生活方式
   D. 促使个体和群体改变不健康的生活方式，培养社会人群树立大卫生、大健康的理念
   E. 帮助个体、家庭、社区群体掌握卫生保健知识，提高健康素养

3. 下列不属于健康教育原则的是（　　）性原则
   A. 科学　　B. 可行　　C. 针对
   D. 自律　　E. 合作

4. 患儿，女，4 个月，因患缺铁性贫血需要使用铁剂治疗。护士对家长进行使用铁剂注意事项的健康教育，内容不包括（　　）
   A. 饭前服用　　B. 应从小剂量服用
   C. 长期服用可致铁中毒　　D. 可与维生素 C 同时服用
   E. 铁剂补充至血红蛋白正常后 2 个月停药

5. 患者王某，身高 170 cm，体重 75 kg，空腹血糖 8.8 mmol/L，餐后 2 小时血糖 11.4 mmol/L，诊断为 2 型糖尿病。当前对该患者进行健康教育的最重要目标是（　　）
   A. 学会注射胰岛素
   B. 学会使用口服降糖药
   C. 建立合理的饮食和运动习惯
   D. 避免摄入含糖量高的食物
   E. 了解糖尿病的相关知识

6. 患者张某，46 岁，患高血压 2 年。护士给予的健康教育处方，下列正确的是（　　）
   A. 坚持服用自购降压药

B. 每日应坚持大运动量锻炼

C. 每日盐摄入量控制在 10 ～ 15 g

D. 避免受风寒

E. 戒酒少烟

7. 患者，女，精神不振，诉右上腹隐痛，发热 3 天，伴恶心，食欲差，疲乏，双眼巩膜黄染 1 天。尿液检查：尿三胆（++）。诊断“急性黄疸型病毒性肝炎”。经治疗达到临床路径出院要求，护士进行出院前健康教育，针对预防疾病传染的项目是（　　）

A. 继续服药　　B. 进食高维生素高能量饮食

C. 注意休息　　D. 保持乐观的心态

E. 注意家庭隔离

【A3/A4 型题】

（8 ～ 10 题共用题干）

患者李某，46 岁，私企老板，经常应酬熬夜，进食油腻食物并大量吸烟、饮酒，近来发现体重迅速增加，体力和精力降低。

8. 对于该患者，最主要的学习需求是（　　）

A. 如何减轻工作强度

B. 如何提高体力和精力

C. 如何减肥的方法

D. 如何建立正确的生活方式和行为习惯

E. 肥胖的不良后果

9. 对于该患者，最合适的健康教育目标是（　　）

A. 戒烟戒酒

B. 减少进食油腻食物

C. 多休息

D. 减轻工作压力

E. 建立良好的生活方式和饮食习惯

10. 对该患者，适宜的健康教育方法为（　　）

A. 专题讲座法　　B. 角色扮演法　　C. 个别会谈法

D. 讨论法　　E. 展示教学法

二、简答题

简述健康教育的程序。

三、案例分析题

李大妈，68 岁，有高血压家族史，年纪变大后，每天醒得较早，有时凌晨 3 ～ 4 点钟就醒。她很勤快，但性格急躁，只要心里有事，有时凌晨醒后就起床做事，即使累了也要一口气做完；平日口味较重，喜欢吃咸菜。近期感到比较疲乏，劳累后有头晕症状，未引起重视。一天早晨连续忙碌后感到头晕目眩、恶心、呕吐，到医院检查发现血压 165/100 mmHg，经住院治疗 1 周后，血压恢复正常，医生告之以后需要长期监测血压，并按要求长期服药，需带药出院。医生开具出院处方：美托洛尔（倍他乐克）25 mg，口服，每日 2 次；氢氯噻嗪 25 mg，口服，每日 2 次。出院服药半个月后，血压降至 100/60 mmHg，自认为好了，再则怕继续吃药，血压会更低，便自行将药停了，饮食照旧。于停药后 5 个月，又一次连续劳累后出现头晕、目眩、呕吐、心累，症状比第一次更加严重，血压 186/115 mmHg，并出现心律不齐、期前收缩等。请问：

1. 患者存在哪些高血压危险因素?
2. 分析李大妈自行停药和症状加重的原因。
3. 简述对李大妈的健康教育策略。

（黄　莹）

第九章　评判性思维、临床护理决策与循证护理

学习目标

1. 正确陈述评判性思维的构成要素、临床护理决策的类型、循证护理的基本步骤。
2. 说出护理评判性思维、临床护理决策、循证护理的概念；简述护理评判性思维的特点、层次、应用及注意事项，临床护理决策的步骤、影响因素，循证护理的特点、循证护理证据的来源及分级。
3. 列出评判性思维、循证护理的产生背景；简述临床护理决策能力的发展。
4. 学会运用评判性思维对临床护理问题进行分析，并作出正确、合理的护理决策。
5. 针对具体临床问题，能提出循证护理实践的方法。

案例 9-1

患者男，73 岁，因黑便 3 天入院。护士为其测血压为 90/60 mmHg，查阅半小时前门诊病史，血压为 100/70 mmHg，再次给患者测量血压为 80/50 mmHg，怀疑患者有出血情况。胃镜检查发现患者存在大量胃出血，护士立即通知医生，给予抗休克处理，患者血压回升。

思考

1. 该护士是否具有评判性思维的意识？
2. 如何运用临床护理决策，为患者制订解决现存的护理问题的具体方案？

护理学作为一门应用学科，其发展需要护士充分发挥科学思维的能动作用。评判性思维、临床护理决策与循证护理是护士必备的专业核心能力。护士有意识地培养、提高护理科学思维和决策能力，在护理教学、科研、临床实践中自觉运用评判性思维，将循证护理的理念应用于临床决策，加快科研成果的临床应用转化，对更好地促进护理决策的科学性、保证护理实践的安全性以及提高护理措施的有效性具有重要的意义。

第一节　护理评判性思维

护理评判性思维是临床实践中常用的科学思维，是一个不断主动思考的过程。评判性思维有助于护士对各种护理问题进行正确判断、反思、推理及决策，能够显著提高工作的科学性、

合理性及实效性，促进护理专业向科学化方向发展。

一、护理评判性思维的概念

评判性思维由20世纪30年代德国法兰克福学派提出。20世纪80年代以后，评判性思维作为一种新的思维方法被引入护理领域。经过多年的发展，评判性思维已成为护理学科的重要组成部分，也是当前护理人员应该具备的核心能力之一。

评判性思维，也称为批判性思维，是指个体在复杂的情景中，运用已有的知识经验，对问题及解决方法进行选择、识别、假设，在反思的基础上进行分析、推理、做出合理判断和正确取舍的高级思维方法。

二、护理评判性思维的特点

（一）主动性

评判性思维是一种自主性思维，思维者主动运用已有的知识、经验和技能，对外界的信息、他人的观点或权威的说法进行积极的思考，做出合理的分析与判断。

（二）独立性

在护理实践中，评判性思维者通过不断提出问题和解决问题，对自己或他人的思维过程进行个性的、独立的思考，逐渐完善自己的思路，在广泛收集和甄别证据的基础上，做出独立客观的判断与决策，进而逐步提高自己独立发现问题和解决问题的能力。

（三）创新性

评判性思维是通过整合已有的概念、规律，对思维对象中不合理的部分大胆否定，使思维进一步明晰化，促进认识和实践的发展，进而产生创造性的想法和见解，推动护理新理论、新知识、新技术和新材料的变革与发展。

（四）反思推理性

反思和推理是评判性思维的实质过程。护士在面对具体的情境时，在问题的鉴别和思考、假说的提出和验证等过程中，必须运用有效的、严格的和精确的推理。

（五）开放性

护士在运用评判性思维思考和解决问题的过程中，必须要审慎，同时要注意高度的开放性，愿意听取和交流不同观点，以得出正确合理的结论。

三、护理评判性思维的层次

护理评判性思维的发展从低到高分为三个层次：基础层次、复杂层次和尽职层次。评判性思维的层次可以影响临床问题的解决，处于评判性思维不同层次的护士，对相同问题的解决方式、有效性有较大差别。

（一）基础层次

基础层次是建立在一系列规则之上的具体思维。此层次的护理人员对权威的论断坚信不疑，在护理活动过程中，遵守操作规程，严格执行操作步骤，固守操作程序手册要求，不能在护理活动中灵活运用。如皮下注射进针角度在教材中描述为不宜超过45°，此层次思维的护理人员不能根据针头长短、患者胖瘦灵活调整进针角度，甚至会导致注射部位局部硬结的发生。

（二）复杂层次

此层次的护理人员开始走出权威，认识到问题有多种解决方法，并能辨析各种方法的利弊，能够在护理活动中结合具体情况，进行独立分析、判断、验证，选择出最优护理方案。

（三）尽职层次

此层次的护理人员可在专业信念的指导下，在维护护理对象利益的基础上，进行专业决策，并为此承担相应的责任。护士对各种解决复杂临床问题的方案进行思考、排序，必要时借助大数据平台及听取各方面意见或建议，结合自己的经验、知识，整合后做出专业允许范围内的决策。如成人手术前需禁食、禁饮，原来教材对此的描述分别是12小时、4小时。通过研究，目前临床实践推荐意见为“术前最少禁饮2小时，清淡饮食后禁食6小时，食用肉类、煎炸、高脂的食物需禁食8小时”。护士看到相关文献后很认可，但须先遵循医院相关程序，得到相应许可后方能执行。

考点提示

评判性思维的特点及层次有哪些？

四、护理评判性思维的组成要素

护理评判性思维的组成要素主要包括智力因素、护理经验因素、思维技能因素和情感态度因素。

（一）智力因素

智力因素是指在护理评判性思维过程中所涉及的专业知识。专业知识包括医学/护理基础专业知识及社会人文知识。护士评判性思维能力的高低与专业知识的深度和广度有关。在进行评判性思维时，必须具备相应的专业知识，才能准确地判断护理对象的健康需要，做出合理的判断及决策。如某伤寒患者，护士巡视病房时发现其上肢呈无目的摸索运动，问之不答，护士及时告知医生后，判断患者出现了摸空症。诊断为伤寒合并中毒性脑炎。

（二）护理经验因素

护理经验是评判性思维的第二组成要素。护士在临床实践中不断总结、积累经验，是护士评判性思维能力形成的基础。在护理实践中，护士通过理论与实践的有机结合综合分析病情，拟订有效的护理方案，并根据评价反馈积极反思，形成新的护理经验。

（三）思维技能因素

思维技能是评判性思维的核心。评判性思维技能包括评判性分析、演绎推理、归纳推理等。

1. 评判性分析　评判性分析是指用一系列问题去鉴别信息和观点，筛选出具体情况的真实信息，舍去无效的信息和观点。常用的评判性分析问题有以下 4 种：

（1）核心问题是什么？

（2）潜在假设是什么？

（3）证据确实有效吗？ 如证据是否陈旧、是否带有情感性或偏见、是否足够和有效、关键术语定义是否清晰、与现有的资料是否有关联、问题是否得到正确识别。

（4）结论可以接受吗？如结论是否正确、是否适用、有无价值冲突。

2. 归纳推理和演绎推理　归纳推理和演绎推理是逻辑思维的基本方法，是进行评判性思维时常用的两种思维技能。

归纳推理是指从一系列的事实或科学观察中概括出一般性知识（原则、规律、原理）的思维方法。例如，当观察到患者有面色苍白、皮肤湿冷、血压下降、心率增快、脉搏细弱等症状时，可归纳出患者出现了休克。

演绎推理是从一般性知识中引出特殊或个别性知识的思维方法。例如，护士运用需要层次理论对具体的患者资料进行分类，从而确定患者是否有排泄、营养或安全等需要问题。

（四）情感态度因素

情感态度是指在护理评判性思维过程中护士应具备的人格特征，包括具有进行评判性思维的心理准备状态、意愿和倾向。护士要成为评判性思维者，应具有以下情感态度特征：

1. 自信　自信是指个人相信自己能够完成某项任务或达到某一目标，包括正确认识自己在知识和经验运用方面的能力，相信个人能够分析判断及正确解决患者的问题。自信可增进护患之间的信任，有利于达到预期的护理目标。护士归纳和演绎等技能的发展，可增强自身的自信。但是，护士不能盲目自信，应正视自身认知和能力的有限性，并通过主动寻求帮助或继续学习来不断提高。

2. 公正　公正指运用护理评判性思维质疑和验证他人知识、观点时，应采用相同的标准进行评价，而不是根据个人或群体的偏见或成见作出判断。在对问题进行讨论时，护士应听取不同方面的意见，注意思考不同的观点，在拒绝或接受新观点前，要努力全面地理解新观点。当与患者的观点有冲突时，护士应重新审视自己的观点，确定如何才能达到对双方都有益的结果。

3. 正直　正直指护士要像质疑和验证他人知识、观点那样，用同样严格的检验标准来质疑、验证自己的知识与观点，勇于承认自己的不足，客观正确地评估和接受自身观点与他人观点的不一致性。

4. 责任心　护士有责任为患者提供符合护理专业实践标准的护理服务。一个有责任心的护士应主动维护患者的利益，做出适合患者的临床护理决策，并对所实施的护理行为的后果负责。在护理措施无效时，也能本着负责的态度承认某项措施的无效性。

5. 执着　由于护理实践问题的复杂性，护士常需对其进行执着的思索和研究。这种执着的态度倾向使护士能够坚持努力，即使在情况不明或结果未知以及遇到挫折时，也会尽可能地探究问题，尝试不同的护理方法，并努力寻求其他更多的资源，直到成功解决问题。

6. 谦虚　谦虚指认识到在护理实践中会产生新的证据，愿意承认自身知识和技能的局限性，希望收集更多信息，根据新知识、新信息谨慎思考自己的结论。

7. 好奇心　好奇可以激发护士对服务对象的情况进行进一步的询问和调查，以获得护理决策所需要的信息。护士在进行评判性思维时应具有好奇心，愿意进行调查研究，深入探究和了解患者的情况。

8. 独立思考　独立思考对护理实践发展非常重要。评判性思维要求护士能够独立思考，遇到意见不统一时，应在全面考虑服务对象情况、阅读相关文献、与同事讨论并分享观点的基础上做出判断。护士在做出合理决策的过程中，亦应具有创造性。特定服务对象的问题常需要独特的解决方法，护士应用创造性的方法考虑服务对象的具体情况，能有效调动服务对象生活环境中的各种因素，促进服务对象相关健康问题的解决。

9. 冒险和勇气　冒险常常是诸多护理革新的开始，能有效推动护理学科的发展与进步。护士应具有冒险的精神和勇气，经常客观地反思和检验自己的观点意见，对护理现状、实践活动的固有程序等要善于用新的思路和方法进行质疑、改革与创新。

五、评判性思维的应用及发展评判性思维的注意事项

（一）评判性思维的应用

1. 在护理教育中的应用　1989 年，美国国家护理联盟在护理本科专业认证指南中将评判性思维能力作为衡量护理教育能力的一项重要指标。在授课过程中融入评判性思维能力的培养，能为护生入职后胜任复杂多变的临床工作奠定基石。

2. 在护理实践中的应用　护理程序提供了解决护理问题的科学工作方法，指导护理人员更好地解决患者的健康问题；评判性思维作为一个思维方法贯穿于护理程序的始终，帮助护理人员审视护理程序的各个步骤和环节，为准确收集资料提供技术支持，为选择更恰当的治疗护理方案提供保障。如患儿，6 岁，男，初步诊断“（1）发热待查？（2）脑炎？”入院。入院后患儿哭闹不止，护士及时耐心安抚，同时仔细观察，发现患儿精神萎靡，末梢循环不良，伴谵妄、颈软。再次询问病情，符合起病急、高热及季节特点，高度怀疑中毒性菌痢，故报告医师，行肛拭子检查，证实细菌性痢疾诊断。而后积极配合医生进行抢救，使患儿转危为安。

3. 在护理管理中的应用　护理管理是护理质量的保证。在对护理活动的要素、过程和结果进行管理与控制时，常将评判性思维融入护理管理，如通过查对制度、分级护理制度、值班和交接班制度、手术安全核查制度等，为降低护理差错、提高护理质量提供可持续性的保障。

4. 在护理研究中的应用　护理研究就是探索和研究护理现象的过程，需要对各种护理常规、技术、观点和现象进行反思和质疑，进行调查或研究，用充分有力的研究证据推演出新的常规、技术、观点和现象。成功的护理研究者必须具备灵活有效地运用评判性思维的能力，进

行反思、质疑、假设、推演、求证。

知识拓展

护理评判性思维能力的测量

常用的护理评判性思维能力测量工具包括：加利福尼亚评判性思维技能测验（California critical thinking skill test，CCTST）、加利福尼亚评判性思维特质问卷（California critical thinking disposition inventory，CCTDI）、怀森及格拉斯的评判性思维评价量表（Watson-Glaser critical thinking appraisal，WGCTA），以及香港理工大学彭美感等修订的评判性思维能力测量表（CTDI-CV）等。

（二）发展评判性思维的注意事项

在护理实践中，面对复杂的临床问题，常需要护士具备较强的评判性思维能力，以迅速成长为高效的问题解决者和决策者。在发展评判性思维过程中，需要注意以下几点：

1. 自我反思　护士要经常反思自己是否具备评判性思维能力，积累正确决策经验，反思决策过失，甄别自身评判性思维能力的优势和弱势，促进自身评判性思维能力的提升。

2. 虚心、包容　护士的成长需要自己锐意进取，同时需要具备一定的引领及互助互学、敢于质疑的团队。虚心好学，包容争议，辨析真伪，方能自我成长，帮助他人。

3. 团队建设　护士借助护理团队平台发挥作用，团队则通过护士个体的不断成长增强实力。构建和谐中不缺争辩、争辩中不失和谐的护理团队，能为护士评判性能力的提升创造最优氛围。

第二节　临床护理决策

护理评判性思维的核心目的在于帮助护士做出符合患者利益的专业决策。科学有效的临床护理决策是促进患者康复的重要保证。掌握临床护理决策的方法和步骤，做出正确、合理、有效的决策是护士最重要的职责之一。

一、临床护理决策的概念与分类

决策是人类的基本活动之一，作为管理学与护理学相结合的产物，临床护理决策于 20 世纪 70 年代开始在护理文献中出现并不断发展。

（一）临床护理决策的概念

临床护理决策指在临床护理实践过程中，由护士做出关于患者护理服务的专业决策的复杂过程。这种专业决策可以针对患者个体，也可以针对患者群体。

临床护理决策的基本含义有两层：一是备择方案多样；二是通过选择消除不确定性状态。

临床护理决策既是行为过程，又是思维过程，其目的在于护士在任何时候做出的临床决策都能满足患者的需要，促进或维护患者的健康。在临床护理决策时，要求护士进行周密的推理，以便根据患者情况和首优问题选择最佳方案。

（二）临床护理决策的类型

在临床护理工作中，护士每天都要做出各种各样的决策。由于护理专业的特殊性，临床护理决策通常可以划分为 3 种类型：

1. 确定型临床护理决策　指在事件的结局已经完全确定的情况下护士所做出的决策。在此情况下，护士只需通过分析各种方案的最终得失，进而做出选择。

2. 风险型临床护理决策　指在事件发生的结局尚不能肯定、但其概率可以估计的情况下做出的临床护理决策。风险型临床护理决策有 3 个基本条件：①存在两种以上的结局；②可以估计自然状态下事件的概率；③可以计算不同结局的收益和损失。

3. 不确定型临床护理决策　指在事件发生的结局不能肯定、相关事件的概率也不能确定的情况下护士所做出的决策。这种类型的决策依赖于决策者的临床经验和主观判断。

二、临床护理决策的步骤

护士在临床实践中，需通过缜密的逻辑推理，方能根据患者的具体情况，做出有利于患者康复的最佳决策。临床护理决策通常包括以下步骤：

（一）明确问题

明确问题是合理决策、正确解决问题的前提。临床护理决策的根本目的是解决临床实践的具体问题，护士应根据对患者资料的全面评估，及时准确地判断患者现存的或潜在的健康问题，并认真分析问题原因。护士在确定患者问题时，可使用归纳推理或演绎推理等基本的逻辑思维方法，对患者的问题从发生的时间、地点、发生情况、处理方法以及采取该处理的依据等方面进行分析。例如，当护士观察到患者面色苍白、血管充盈性差、脉搏细速及血压降低到 80/50 mmHg 以下时，可以推断患者出现了休克。

（二）确定目标

在临床护理决策时，问题明确后，应根据问题确定所要达到的目标。目标应具有针对性与可行性，并应充分考虑达到目标的具体评价标准。根据具体临床情境及具体问题确定短期和（或）长期目标，并按照一定的标准对目标的重要性进行排序，建立优先等级，优先关注最重要的目标以获得主要的结果。

（三）选择方案

选择方案是临床护理决策的核心环节。护士进行临床护理决策选择最佳方案前，应该充分搜集信息及有用证据，寻找各种可能的解决方案，并对这些方案进行正确评估。

1. 寻找备择方案　护士根据决策目标，运用护理评判性思维寻求所有可能的方案作为备择方案。在护理临床实践过程中，这些备择方案可来自护理干预或患者护理策略等。

2. 评估备择方案　护士对各种备择方案根据客观原则进行评估分析，在此过程中，护士应注意调动患者的积极性，与患者充分合作，权衡备择方案，对每一备择方案可能产生的积极或消极作用进行预测，共同检验和评价各种方案。

3. 做出选择　对各种备择方案评估后，采用一定的方法选择最符合标准的最佳方案。可采用列表法，将备择方案进行排列，通过比较分析做出选择。

（四）实施方案

具体实施所选择的方案，也是检验所做决策是否科学的过程。在此阶段，护士需要根据解决问题的最佳方案制订详细的计划，对方案实施的时间、人力及物力等方面做出合理安排。对于实施过程中可能出现的意外情况应做出正确判断，并制订相应的计划来预防、减少或克服在实施方案过程中可能出现的障碍。

（五）评价反馈

在方案实施过程中及实施后，护士运用护理评判性思维对所运用的策略进行评价，对策略的结果进行检验，确定其效果及达到预期目标的程度。在临床实践中，及时有效地评价、反思、总结和反馈，有利于临床护理决策能力的提高。

当临床护理决策的对象是群体时，护士应注意确定每个个体的问题，比较不同个体的情况，确定群体最紧要的问题，预测解决首优问题需要的时间，确定如何在同一时间解决更多问题，并考虑将该群体作为决策者参与到临床护理决策之中。

三、临床护理决策的影响因素

临床护理实践的复杂性和特殊性，影响着临床决策过程中决策目标的设定和方案的选择。临床护理决策的影响因素主要来自 3 个方面：个体因素、环境因素和情境因素。

（一）个体因素

护士的价值观、知识、经验及个性特征、个人喜好和风险倾向都会影响临床护理决策。

1. 价值观　决策过程是基于价值观的判断。在决策时，备择方案的产生及最终方案的选定均受个人价值体系的影响和限制。如护士收集、处理信息和对信息重要价值的判断，会受到自身价值观和信念的影响。在临床实践中，护士应注意控制自身价值观对临床决策的影响，否则将很难进行评判性思考和做出客观的决策。

2. 知识及经验　护士自身知识深度和广度会影响评判性思维和临床护理决策能力。要做出科学的临床决策，护士必须具备扎实的基础科学、人文科学和护理学知识，且必须具有丰富的临床护理经验。护士的临床决策经验越丰富，越能提出更多的备择方案。但如果个人经验与临床目前的情境存在差异，护士仍按既往经验处理临床问题，则有可能出现错误决策。

3. 个性特征　护士的个性与人格特征，如自信、独立及公正等，均会影响临床护理决策过程。自信独立的护士一般能够运用正确的方法做出决策，但是过于自信及独立往往容易忽视决策过程中与他人的合作，可能对临床护理决策产生不利影响。

4. 个人喜好和风险倾向　在护理实践中，护士的个人喜好和风险倾向会潜移默化地影响临床决策。决策中涉及的个人风险和代价包括物质的风险、经济的风险、情感的风险及时间、精力的付出等。在护理实践过程中，护士应注意不能根据自己的个人喜好和风险倾向进行临床决策。

（二）环境因素

临床护理决策受诸多周围环境的影响，包括病房设置、气候等物理环境因素，以及机构政策、护理专业规范、人际关系与可利用资源等社会环境因素。建立和维护良好的护理人际关系有益于临床护理决策。例如，护士在药物治疗中进行评判性思维和临床护理决策时，对具体药物的知识可以通过向药师请教、查阅药物手册等方法，增加其决策的有效性。

（三）情境因素

1. 与护士本人有关的情境因素　护士在决策过程中自身所处的状态及对相关信息的把握程度会影响临床护理决策。一定程度的压力及由此而产生的心理反应能促进护士积极准备，做出恰当的临床决策。但是，过度的焦虑、压力等会降低个人的思维能力并阻碍决策过程。护士在身体疲惫、注意力难以集中的情况下进行决策，将影响决策的正确性。护士应对所处情境中的信息进行深入了解，在临床护理决策过程中，不受他人影响而自主决策。

2. 与决策本身有关的因素　临床护理决策过程涉及患者的症状、体征和行为反应，护理干预及决策的环境特征等因素。各种资料和信息之间可能还存在相互干扰，这些因素的数量、因素本身具有的不确定性、因素的变化或因素之间的冲突都决定了决策本身的复杂程度。护理决策的复杂程度越高，决策的难度越大。

3. 决策时间的限制　护理工作的性质决定了护士必须快速地进行决策。决策时间的限制促使护士在规定的期限内完成任务。但是如果时间限制太紧，容易使护士在匆忙之中做出不满意的决策。

四、临床护理决策能力的发展

在复杂的临床环境中，运用评判性思维对患者做出合理的临床护理决策以满足患者的需要，是护士应具备的核心能力之一。培养护士的评判性思维、循证护理能力是发展临床护理决策能力的重要措施。除此之外，护士应用以下策略可促进临床护理决策能力的发展。

（一）熟悉相关政策、法规和标准

与诊疗护理工作相关的政策和法规能够为护士在法律规定的范围内进行临床护理决策提供依据。护士应学习这些政策和法规，特别应该注意与患者健康问题相关的一些标准，如相关的协议、政策、操作步骤及临床路径，并以此来规范自己的行为，做出更好的临床护理决策。

（二）熟练运用护理程序的方法

在临床护理决策过程中，提高护士运用护理程序的能力和技巧，如在护理评估的过程中，注意形成系统的评估方法，提高评估效率。在对相关问题不了解时，不要盲目行动，应注意积累相关知识，了解健康问题的症状、体征、常见原因以及处理方式。

（三）熟练掌握护理常用技术

熟悉护理常用技术，如静脉注射泵、计算机及监护仪等的使用，有助于正确实施护理决策。

（四）注重终身学习，提高决策能力

养成注重学习和向他人学习的习惯，如向教师、专家、同学和其他护士学习，有意识地训练和提高自己的临床护理决策能力。

（五）关注患者意愿，鼓励患者参与

护士应注意关注患者及其重要关系人的需求和意愿，在做出相关决策时鼓励他们积极参与。

第三节　循证护理

护士在针对某一具体问题进行临床决策时，经常会面临因同类研究结论矛盾而难以抉择的问题。循证护理是临床重要的科学思维方法，通过审慎分析、评价、筛选及利用当今最新、最严谨的研究证据，促使患者获得最佳的临床结局，实现由以经验为基础的传统护理向有证可循的现代护理的转变与发展。

一、循证护理的概念

循证护理是循证医学的一个分支。1996 年英国 York 大学护理学院成立了全球第一个循证护理中心，首次提出了循证护理实践。自 1997 年，我国香港大学护理学院、复旦大学护理学院、台湾“国立”阳明大学护理学院、北京大学护理学院先后设立 JB 循证护理分中心。这些分中心的主要目的是运用循证实践的观念开展临床护理、护理研究和护理教育，提高护理实践的安全性、科学性和有效性。

循证护理又称为实证护理，即遵循证据的护理，指护理人员在护理实践中，审慎、准确地应用当前所能获得的最佳研究证据，结合临床经验和患者意愿，做出符合患者需求的护理决策的过程。循证护理的核心思想是通过评判性思维，应用现有的最佳研究证据为患者提供个性化的护理，有利于临床护理决策更加科学、有效。

二、循证护理的特点

（一）重视证据

循证护理的核心思想就是寻求证据、应用证据。寻求有价值的、科学可信的科学研究成果为证据，根据证据提出问题，寻找实证，应用实证；再以实证为依据，为患者确定最佳的护理计划，实施护理措施。如择期手术患者术前皮肤准备（简称备皮），传统做法是手术前一天晚

上由值班护士完成。通过研究发现，手术当日即术前由手术室护士再进行备皮，可降低手术感染率。当报道不是个案，有相当数据支撑时，即可推广应用。

（二）重视个性化差异

在确定护理计划、实施护理措施过程中，除应用护理实证、尊重患者意愿外，还要注重病情观察，评价效果，及时根据患者个体反应，做出判断，确保护理方案科学、有效。如胆囊结石患者行腹腔镜胆囊切除术后 4 天，出现不明原因烦躁不安、意识障碍，经检查、会诊后原因待定。责任护士反复思考后想到了“抗生素脑病”可能，并及时与医师沟通，考虑到患者使用“头孢吡肟”与突然不明原因的意识障碍在时间上存在相关性，故立即停药，3 天后患者意识障碍症状自行消失。

（三）重视整体观

循证护理重视以人的健康为中心的护理理念，通过评判性思维，利用最佳研究证据，针对不同护理对象的不同健康问题，在患者参与的交互性护理活动中，应用护理程序的工作方法为患者提供科学、有效的护理。

三、循证护理的步骤

循证护理实践的过程实际上是发现问题—寻找证据—解决问题的过程，基本上可以分为五个步骤：提出问题、寻找证据、评价证据、应用证据、评价应用证据后的效果。

（一）提出问题

在面对患者时，护士会遇到许多实践问题和理论问题。实践问题指由护理实践提出的对护理行为模式的质疑。如静脉留置针目前国内常规 3 ~ 4 天更换一次，那么更换时间有没有个体差异呢？理论问题是与实践有关的前瞻性理论发展，如如何设置基于微信的健康教育微课？护士本着评判性思维理念，对现有的护理提出质疑，即确定问题，是循证护理实践迈出的举足轻重的一步。

（二）寻找证据

根据临床问题进行系统的文献检索，尤其可以检索针对该问题的系统综述和实践指南。如上述静脉留置针的时间质疑，有学者通过查阅，根据 2015 年考科蓝数据库文献来源《根据临床指征还是根据常规更换外周静脉留置针》得出结论：“可以根据临床指征更换留置针。”2016 年英国麻醉师协会采纳上述证据，将“不提倡 72 ~ 96 小时常规更换留置针”写入指南《案例血管通路 2016》。

（三）评价证据

运用评判性思维对收集到的有关文献应用流行病学的方法从证据的真实性、可靠性、适宜性等方面进行严格的评价，从中筛选出自己所需的最佳研究证据。评价主要从五个方面来进行：研究设计、研究对象、结果观察、资料的收集整理和统计分析。如留置针更换时间问题，上述学者采用GRADE标准对证据质量进行评价，其中“导管相关性血流感染”的证据质量是“中”，“静脉炎”“所在原因导致的血流感染”“留置针费用”的证据质量是“高”。因而该学者认为：留置针穿刺部位应每次交班时观察，如果有炎症、渗出或堵塞的迹象，要拔除留置针。

（四）应用证据

将获得的最佳研究证据与护理专业知识和临床经验、患者的愿望与需求相结合，解决患者的健康问题，指导临床决策。这也是临床护理人员开展科学研究的过程。如75岁王某，失语、卧床不起、二便失禁1周，骶尾部有一3 cm×4 cm大小的溃疡面。针对其压力性损伤（也称压疮）的预防与护理方案进行文献检索，检索到的权威证据包括合理安置并变换体位，水垫或气垫保护骨隆突处，水胶体敷料、银离子泡沫敷料或透明膜敷料保护局部皮肤，氧疗，高频电疗和直流电药物离子导入，氦–氖激光照射等一系列的方法。根据患者病情，结合临床经验和王某意愿，最终确定护理方案为：①已有压力性损伤部位用苯妥英钠粉剂、康惠尔溃疡贴来保护伤口，每2 ~ 3天更换一次；②使用气垫床 ；③营养支持：高热量、高蛋白流质饮食，热量1800 kcal/d，蛋白质90 g/d。

（五）评价应用证据后的效果

选择客观、合适的方法，并确保将评价效果反馈到护理过程中。上述案例中，王某压力性损伤创面经10天愈合，未再发生压力性损伤。

四、循证护理的证据来源与分级

（一）证据来源

收集研究证据是循证护理不可缺少的重要组成部分，其目的是通过系统检索最全面的证据，为循证护理获取最佳证据奠定坚实基础。循证护理的证据来源主要包括系统评价、实践指南、概述性的循证资源等。其中系统评价是针对某一具体护理问题，系统全面地检索文献，按照科学的标准筛选出合格的研究，用统计学方法进行处理和综合分析，得到可靠的结论，用于指导临床护理实践。实践指南是以系统评价为依据，经专家研讨后由专业学会制定，具有权威性和实践指导意义。概述性循证资源是由护理专家评估撰写的，主要包括问题性质、证据来源、评估标准、评估结果。

护士在查找证据的过程中要注意：①在护理实践中应用实践指南时，应首先明确指南只是为了处理实践问题而制定的参考性文件，而不是护理法规；②应避免不分具体情况地强制、盲目且教条地照搬照用；③护理人员用于收集、整理、评估原始研究论文的时间有限，可以考虑有效使用专家完成的概述性循证资源。

（二）证据分级

根据2001英国牛津循证医学中心证据分级系统，循证护理证据按照其科学性、可靠性，共分为五级（表9–1）：

表 9-1　循证护理证据分级

证据分级	研究类型
Ⅰ级	强有力的证据，来自一份以上设计严谨随机对照试验的系统评价
Ⅱ级	强有力的证据，来自一份以上适当样本量的合理设计的随机对照试验
Ⅲ级	证据来源于非随机但设计严谨的试验
Ⅳ级	证据来自多中心或研究小组设计的非实验性研究
Ⅴ级	专家个人意见、个案报告

知识拓展

常用循证研究网站

1. Cochrane library（CL）：目前临床疗效研究证据最好的来源，一年四期，向全世界发行。网址是 http：//www.Cochrane.org。

2. PubMed 数据库：PubMed 是网上免费 Medline，收录自 1966 年以来的 1200 多万条记录，目前收录期刊已超过 4000 种。网址是 http：//www.pubmed.com。

3. CINAHL 数据库：查找护理文献最综合、有效的数据库，需要订阅。网址是 http：//www.cinahl.com/。

4. 美国国立指南数据库（National Guideline Clearinghouse，NGC）：NGC 为临床实践指南数据库，可在互联网上在线查询。网址是 http：//www. Guidelines.gov。

由此可见，循证护理的证据不只是国内外各大数据库中的各种护理研究结果，传统经验式的护理工作中所重视的专家意见在循证护理中仍然被作为证据来使用，但是级别最低。这足以证明循证护理对传统护理的挑战。

考点提示

循证护理的内涵、实施程序及证据分级。

本章小结

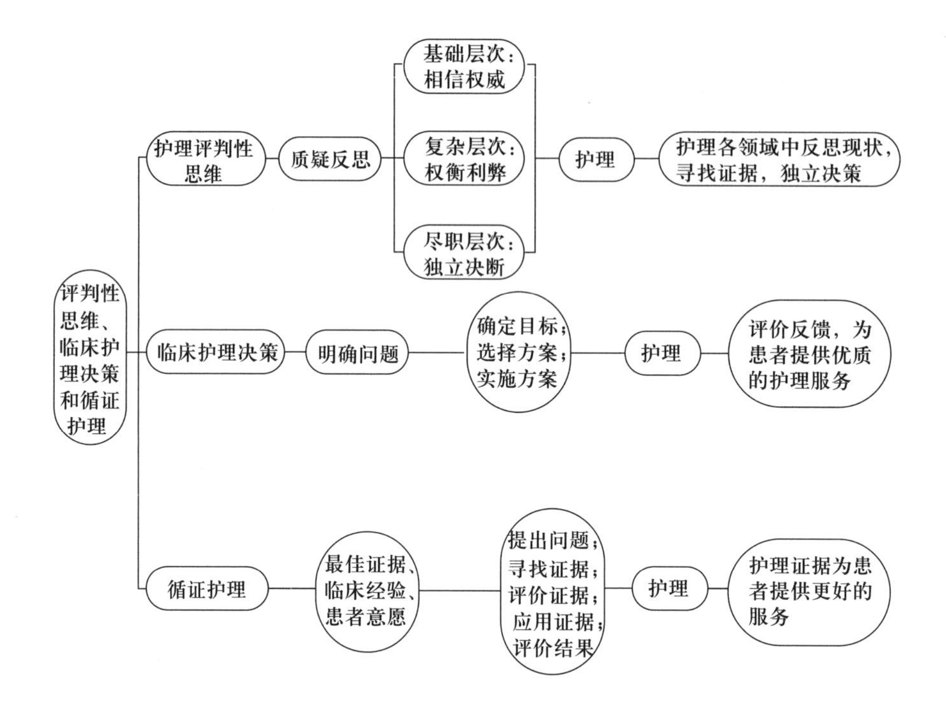
评判性思维、临床护理决策和循证护理
护理评判性思维
质疑反思
基础层次：相信权威
复杂层次：权衡利弊
尽职层次：独立决断
护理
护理各领域中反思现状，寻找证据，独立决策
临床护理决策
明确问题
确定目标；选择方案；实施方案
护理
评价反馈，为患者提供优质的护理服务
循证护理
最佳证据、临床经验、患者意愿
提出问题；寻找证据；评价证据；应用证据；评价结果
护理
护理证据为患者提供更好的服务

自 测 题

一、选择题

【A1/A2 型题】

1. 护理评判性思维的核心目的是（　　）

A. 诊断推理　　B. 质疑反思　　C. 临床决策
D. 鉴别诊断　　E. 演绎推理

2. 下列不属于护理评判性思维的构成要素的是（　　）

A. 知识基础　　B. 临床经验　　C. 情感态度
D. 思维技能　　E. 制订决策

3. 下列护理评判性思维的特点中，哪项除外（　　）

A. 主动性　　B. 个体性　　C. 创新性
D. 反思推理性　　E. 开放性

4. 护理人际关系是影响临床护理决策的（　　）

A. 个体因素　　B. 情感因素　　C. 社会因素
D. 环境因素　　E. 情境因素

5. 下列影响临床护理决策的因素中属于情境因素的是（　　）

A. 思维方式　　B. 决策风险性　　C. 护理专业规范
D. 病房设置　　E. 情感倾向

6. 临床护理决策的影响因素中，不属于个体因素的是（　　）

A. 决策时间的限制　　B. 知识及经验　　C. 价值观
D. 个性特征　　E. 个人喜好和风险倾向

7. 循证护理的步骤不包括（　　）

A. 提出问题　　B. 寻找证据　　C. 拟订计划
D. 应用证据　　E. 评价证据应用后的效果

8. 李护士长要求科室护士收集病史时要多问自己核心问题是什么、你的潜在问题的假设要有证据。这属于（　　）

A. 循证护理　　B. 评判性分析　　C. 归纳推理
D. 演绎推理　　E. 理性思考

【A3/A4 型题】

（9 ~ 10 题共用题干）

患儿男，1 岁，2 天前受凉后出现发热、犬吠样咳嗽、声嘶、烦躁不安。查体：T 37.9℃，安静时有吸气性喉鸣和三凹征。

9. 李护士提出“低效性呼吸型态”的护理诊断，属于评判性思维技能中的（　　）

A. 评判性分析　　B. 归纳推理　　C. 演绎推理

D. 逻辑思维　　E. 辩证思维

10. 护士引用的护理诊断的证据来源主要属于（　　）

A. 系统评价　　B. 实践指南　　C. 传统经验

D. 概述性循证资源　　E. mate 分析

二、简答题

1. 临床护理决策的类型有哪些?

2. 循证护理的特点是什么?

（焦娜娜　罗仕蓉）

第十章　护理与法律

学习目标

1. 描述法律的定义、分类及功能。

2. 复述护理立法的过程。

3. 熟记《护士条例》和《医疗事故处理条例》中护理差错的定义、医疗事故的分级、医疗意外的定义。

4. 能够说出护理立法的意义及原则。

5. 具有法律法规意识，会运用法律法规知识应对护理工作中常见的法律问题。

案例 10-1

患者李某因为缺钾而补钾，医生开出医嘱为：10%KCl 15 ml，静脉推注。护士 A 明知道如此高浓度的钾应加入 500 ml 液体内滴注，虽然仅仅为 15 ml，也不可小觑。但却没有思考高钾的危害，也没有向医生提出疑问并再次核对，即抽取 15 ml KCl 为患者静脉推注。不久，患者出现烦躁、心慌，进而意识模糊，护士立即停止用药。通知医生进行抢救，患者脱离生命危险，护士 A 因此受到了严重的处罚。

思考

1. 临床护理工作中，静脉补钾的注意事项有哪些？

2. 护士 A 知道此药物的用法及要求，却没有及时提出异议，依旧遵照医嘱执行，造成了不良的后果，该护士违反了护士条例中的哪一条，应承担什么样的责任？

第一节　概　述

随着我国法制的逐步健全，人们的法制观念日益增强，护理工作中出现的纠纷与法律问题也越来越多，使法律与护理的关系更加受到护理人员的重视。应用法律手段对护理活动进行约束和规范，不仅是法制建设的需要，而且是护理专业自身发展的需要。我国护理立法已被列为国家法制建设的重要内容，一名合格的护理人员不仅应该熟知国家法律条文，而且应掌握在护理工作中与法律有关的常见问题及其应对方法，以便自觉遵纪守法，保护患者的权益并维护自身的合法权益。

一、法律的概念

法律是由国家制定或认可，由国家强制力保证实施，在其统辖范围内对所有社会成员具有普遍约束力的行为规范。它通常是以国家制定的法律、法令、条令等具体形式来表现的。

二、法律的特征

（一）法律是调整人们行为的社会规范

法律通过规定人们可以做什么、应该做什么、禁止做什么而成为规范。法律是指引人们行为及预测未来行为和后果的尺度。它不仅是评价人们行为是否合法的标准，还是警戒或制裁违法行为的依据和准绳。

（二）法律是由国家制定或认可的社会规范

法律由国家制定或认可，具有国家意志性，与国家权利、权威有紧密联系。法律的制定是带有一定预见性的经验总结，法律的认可是承认已有的规范具有法律效力。

（三）法律是规定人们权利和义务的社会规范

法律明确具体地规定了社会成员的权利和义务。因此，权利受到法律的保护，他人不得侵犯：义务必须履行，否则法律将强制履行。

（四）法律是由国家强制力保障执行的规范

法律具有必须遵守和不可违抗的特征，违法者将受到法律的制裁。

三、法律的功能

1. 法律是社会关系的调节器，调节人们在共同生产和生活过程中所结成的相互关系。保障社会成员的基本权利，保障公民和社会组织的基本权利，如公民的人格权、健康权等，使其为社会提供服务。

2. 建立并维持社会共同的生活和秩序，通过制定社会成员的权利和义务，建立健全社会生产、生活和其他工作秩序，达到维持社会共同生活和秩序的目的。

3. 巩固和完善政权对全社会的统治，通过国家司法或行政的手段解决民事或行政纷争，通过禁止性规范规定某些行为属违法和犯罪，并追究行为人的法律责任，以预防违法和犯罪，维护社会管理秩序，从而完善政权对全社会的统治。

四、法律的分类

根据不同的标准，可以将法律分为不同的种类。

（一）国内法和国际法

从法律制定的主体和不同的适用范围划分，可将法律分为国内法和国际法。国内法是由本国制定和认可，并在本国主权所及领域范围内适用。国际法在不同国家之间协议或认可的基础上产生，以参加协议国家为适用主体，并规定国家之间双边或多边关系的法律。

（二）宪法性法律和普通法律

从法律效力强弱、制定程序的不同，将法律划分为宪法性法律和普通法律。宪法性法律规定国家的政治、经济制度，国家机构的组织、权限和活动的基本原则，公民的基本权利和义务等。宪法性法律具有最高的法律效力，是普通立法的基础，由立法机关按特定程序或一般立法程序制定和颁布。普通法律调节某一方面的社会关系，由有立法权的机关按普通立法程序制定和颁布，如民法、刑法、行政法等。

（三）实体法和程序法

按法律规定的内容不同，将法律分为实体法和程序法。实体法规定公民的权利和义务，如民法、刑法、婚姻法等；程序法规定实现实体法的诉讼程序或手续的法律，如民事诉讼法、刑事诉讼法等。

（四）一般法和特别法

按法律效力范围的不同，将法律分为一般法和特别法。一般法适用于全国范围，是对全体公民都有效的法，如民法、刑法等。特别法是适用于特定地区、特定时期内有效或对特定公民有效的法，如经济特区条例、戒严法、医师法等。

五、我国医疗卫生法

（一）医疗卫生法的概念

医疗卫生法是由国家制定或认可，并由国家强制力保证实施的关于医疗卫生方面法律规范的总和，是我国法律体系的一个重要组成部分。医疗卫生法通过对医务人员及照护对象在医疗卫生和医疗实践中各种权利、义务、责任的规定，调整、确认、保护、发展良好的医疗法律关系和医疗卫生秩序。

（二）医疗卫生法的特征

1. 以保护公民的健康权利为宗旨　医疗卫生法的主要作用是维护公民的身体健康，体现在保证公民享有国家规定的健康权、治疗权及惩治侵犯公民健康权利的违法行为。

2. 技术规范与法律相结合　从法律上规定了防治疾病、保护健康的准则，最大限度地保障了照护对象的权益。

3. 调节手段多样化　从可能侵害人体健康的多方面、多层次立法，并吸收、利用了其他部门的法律，增加了调节手段。

4. 彰显法律的公平、公正性　从法律角度保障照护对象合法权益的同时，规定了照护对象的责任及义务，以确保医务人员的合法权益，并为其提供安全的执业环境。

（三）医疗卫生法的任务

1. 保障公民的身体健康　公民维护自身的生命安全和身体健康是我国宪法赋予的基本权利，也是法律重点保护的对象。2019 年 12 月 28 日，十三届全国人大常委会第十五次会议审议通过了《基本医疗卫生与健康促进法》（以下简称卫生健康法），自 2020 年 6 月 1 日起施行。这是我国卫生健康领域的第一部基础性、综合性法律，对完善卫生健康法治体系、引领和推动卫生健康事业改革发展、加快推进健康中国建设、保障公民享有基本医疗卫生服务、提升全民健康水平具有十分重要的意义。

2. 保障医务人员和其他业务人员的正常工作秩序和合法权益　患者及其家属有义务尊重科学，尊重医务人员的权益，有责任维护国家医疗卫生管理秩序，不容许寻衅滋事或侵害医务工作者的合法权益。在《中华人民共和国刑法（2017 年）》第 290 条即明确规定："聚众扰乱社会秩序，情节严重，致使工作、生产、营业和教学、科研、医疗无法进行，造成严重损失的，对首要分子，处三年以上七年以下有期徒刑；对其他积极参加的，处三年以下有期徒刑、拘役、管制或者剥夺政治权利。"对殴打医护人员、砸毁公物、扰乱医疗秩序等违法行为，法律将予以严正的制裁。

3. 促进经济和医疗卫生科技的发展　现代经济、科技的发展，促进了医疗科技的进步，如人类辅助生殖技术、人体器官移植技术的开展及基因组图谱和信息的使用，促使了《人类辅助生殖技术管理办法》《人类辅助生殖技术与人类精子库校验实施细则》《人体器官移植技术临床应用管理暂行规定》《人体器官移植条例》《医疗机构临床基因扩增管理办法》《临床基因扩增检验实验室管理暂行办法》等相应的卫生法律法规的出台。而健全、完善的卫生法律法规，又为经济和医疗卫生科技的发展提供了法律依据和保障。

4. 维护国家主权，促进国际贸易交流　随着现代科技的发展，国际社会的政治、经济、文化交流日益频繁，跨国界的疾病传播、携毒、贩毒、违反国际贸易公约的交易，都需要建立相应的法律体系，以约束和制裁相关事件和人员，起到维护国家主权和尊严的重要作用。

（四）医疗卫生法的分类

宪法是制定医疗卫生法律、法规的重要依据。宪法第 21、23、25、45 和 49 条中，都有医疗卫生方面的规定，这些规定是对医疗卫生工作的总体要求。十三届全国人大常委会高度重视医疗卫生领域立法，2019 年 6 月 29 日，常委会第十一次会议审议通过了疫苗管理法。2019 年 8 月 26 日，常委会第十二次会议审议通过了新修订的药品管理法。2019 年 12 月 28 日，常委会第十五次会议审议通过了基本医疗卫生与健康促进法。在这么短的时间内，全国人大常委会接连制定、修改三部医疗卫生领域的法律，在我国以往的立法实践中是没有的，这充分反映了全国人大常委会以习近平新时代中国特色社会主义思想为统领，坚持以人民为中心，落实宪法关于国家发展医疗卫生事业和保护人民健康的规定，积极主动、坚定有力地为健康中国战略的实施提供强大法治保障。截至目前，医疗卫生领域已经制定法律 14 部，行政法规近 40 部，部门规章 90 多部，实现了医疗卫生各具体领域的有法可依。法律、行政法规主要有以下分类：

1. 具有基础性和总管作用的基本医疗卫生与健康促进法。

2. 卫生保健方面，全国人大常委会制定了献血法、母婴保健法、红十字会法、精神卫生法、食品安全法；国务院制定了化妆品卫生监督条例、食盐加碘消除碘缺乏危害管理条例、国内交通卫生检疫条例、公共场所卫生管理条例、母婴保健法实施办法。

3. 疾病防治方面，全国人大常委会制定了国境卫生检疫法、传染病防治法、职业病防治法；国务院制定了传染病防治法实施办法、艾滋病防治条例、血吸虫病防治条例、防治布鲁氏菌病暂行办法、尘肺病防治条例。

4. 医疗管理服务方面，全国人大常委会制定了执业医师法；国务院制定了医疗机构管理条例、医疗事故处理条例、医疗纠纷预防和处理条例、乡村医生从业管理条例、护士条例。

5. 药品医疗器械管理方面，全国人大常委会制定了药品管理法、疫苗管理法、中医药法；国务院制定了药品管理法实施条例、疫苗流通和预防接种管理条例、野生药材资源保护管理条例、麻醉药品和精神药品管理条例、医疗用毒性药品管理办法、放射性药品管理办法、血液制品管理条例、医疗器械监督管理条例、医疗废物管理条例、病原微生物实验室生物安全管理条例。

（五）医疗卫生违法行为及责任

医疗卫生违法行为指个人、组织所实施的违反医疗卫生法律、法规的行为。从违反法律的性质来看，可分为医疗卫生行政违法、医疗卫生民事违法和医疗卫生刑事违法行为。根据违法行为和法律责任承担的方式不同，可分为行政责任、民事责任与刑事责任。

1. 行政责任　行政责任指个人、组织实施违反医疗卫生法律、法规的一般违法行为所应承担的法律后果，包括医疗卫生行政处罚和医疗卫生行政处分。

（1）医疗卫生行政处罚：指医疗卫生行政机关对违反卫生法律、法规、规章，应受制裁的违法行为做出的警告、罚款、没收违法所得、责令停产停业、吊销许可证，以及卫生法律、行政法规规定的其他行政处罚。

（2）医疗卫生行政处分：是医疗卫生行政机关对违反法律、法规的工作人员实施的纪律惩罚，包括警告、记过、记大过、降级、开除等。

2. 民事责任　指根据民法及医疗卫生专门法律、规范的规定，个人或组织对实施侵害他人人身、财产权的民事不法行为应承担的法律后果。民事责任主要是弥补受害方当事人的损失，以财产责任为主。

3. 刑事责任　指行为人实施了犯罪行为，严重侵犯医疗卫生管理秩序及公民的人身健康权而依刑法应当承担的法律后果。

第二节　护理立法

立法是国家机关制定、修改和废除法律、法规的程序。护理立法是由国家制定或认可关于护理人员资格、权利、责任和行为规范的法律法规，是以法律的形式对护理人员在教育培训和服务实践方面所涉及的问题予以规定。

立法的程序：

（1）提出法律议案：立法程序的开始。

（2）法律草案的审议：审议阶段包括两个层次，一是专门委员会的审议；二是立法机关全体会议的审议。

（3）法律草案的通过：根据宪法规定，法律草案要经过全国人大或全国人大常委会以全体代表的过半数通过。

（4）法律的颁布。

一、护理立法的历史与现状

为了适应护理学科的发展，提高护理质量，保证护理向专业化的方向发展，各国相继颁布了适合本国政治、经济、文化及护理特点的护理法规。英国在1919年颁布了世界上第一部护理法。荷兰在1921年颁布了本国的护理法。在以后的50年里，许多国家纷纷颁布了护理法。1953年，世界卫生组织发表了第一份有关护理立法的研究报告。1968年，国际护士会成立了护理立法委员会，制定了世界护理法上划时代的纲领性文件《系统制定护理法规的参考性指导大纲》，为各国制定护理法所涉及的内容提供了权威性的指导。迄今为止，许多国家已逐步形成了一套与本国卫生管理体制相适应的护理法，用于指导护理实践及护理教育，促进护理管理法制化。护理法的主要内容一般包括总纲、护理教育、护理注册、护理服务四大部分。我国的护理法规隶属于卫生法规系统。国务院于新中国成立后颁发了一系列的法令、指令、暂行规定、办法等，其中有些内容是关于护理的。党的十一届三中全会以来，社会主义法制得到了加强，我国卫生立法进入了一个新的历史时期。2008年1月23日国务院第206次常务会议通过了《护士条例》，并于2008年5月12日起正式实施。从而取代了1993年卫生部颁布的《护士管理办法》。两者比较，《护士条例》体现了护理立法的重要进步，尤其是在护士的权利和义务方面做了更为明确的规定；《护士条例》由国务院制定并颁布，其法律效力高于卫生部颁布的《护士管理办法》，这种立法地位的变化，体现了国家对护理事业发展的高度重视。

我国护理立法概况：

1. 1993年卫生部颁布《护士管理办法》。

2. 2008年1月31日，国务院令第517号公布《护士条例》，于2008年5月12日发布执行。根据国务院令第726号，2020年3月27日对《护理条例》实施了修订。

3. 2008年5月4日，卫生部颁布《护士执业注册管理办法》。

4. 2010年，卫生部、人力资源和社会保障部颁布了《护士执业资格考试办法》。

二、护理立法的意义与基本原则

（一）护理立法的意义

1. 促进护理管理法制化，提高护理质量　通过护理立法制定出一系列制度、标准、规范，将护理管理纳入规范化、标准化、现代化、法制化的轨道，使一切护理活动及行为均以法律为准绳，做到有法可依、违法必究，可有效保证护理工作的安全性和护理质量的提高。

2. 促进护理学科发展　护理立法可有效促进护理向专业化、科学化方向发展，为护理专业人才的培养和护理活动的开展制定法制化的规范和标准。

3. 维护护士的权益　护理立法使护理人员的地位、作用和职责范围有明确的法律依据，使其在从事护理工作、履行自己的法定职责时能够受到法律保护，增强了护士的安全感。

4. 维护服务对象的正当权益　护理法规定了护士的义务和责任，护士不得以任何借口拒绝护理或抢救患者。对不合格或违反护理准则的行为，服务对象有权依据法律条款追究当事人的法律责任，从而最大限度地保护了服务对象的合法权益。

（二）护理立法的基本原则

1. 宪法是护理立法的最高守则　宪法是国家的根本大法，护理法的制定必须在国家宪法的总则下进行，不能与国家已经颁布的其他任何法律、法规有抵触。

2. 显示法律特征的原则　护理法与其他法律一样，应具有强制性、稳定性和公正性的特征。制定的条款必须准确、精辟、科学而又通俗易懂。

3. 符合本国护理实际情况的原则　护理法的制定既要借鉴和吸收发达国家护理立法的经验，又要从本国的文化背景、政治、经济情况出发，兼顾全国不同地区不同发展水平的护理实际，确立切实可行的条款。

4. 反映现代护理观的原则　护理学已发展成为一门独立的学科，形成了一套较为完整的理论体系。护理法应能反映护理学科的特点，反映现代护理观，以增强护理人员的责任感，提高社会效益。

5. 维护正常护理秩序的原则　国家通过建立一系列护理相关法律，创造适合护理活动发展需要的法制环境，依法开展护理活动，维护正常护理秩序。制裁和禁止非法护理活动，保障人民的生命健康权利，为社会需要服务。

6. 国际化趋势的原则　为了使我国护理专业的发展与国际护理接轨，制定护理法必须站在世界法治文明的高度，把握国际化护理趋势，使法律条款尽量同国际上的要求相适应。

第三节　护理工作中常见的法律问题及应对

一、护士依法执业中的法律问题及应对

护理工作应由具备护士执业资格的人来承担，以保障护理质量和公众的就医安全。要取得护士执业资格证，必须通过国家卫生健康委员会组织的统一执业考试，取得中华人民共和国护士执业证书，经护士执业注册后方能从事护理工作。护生是正在实习的学生，其尚未获得执业资格。从法律上讲，护生必须按照国家卫生健康委员会的有关规定，在执业护士的严格监督和指导下为患者实施护理。护生在执业护士的督导下，发生差错事故，除本人要承担一定的责任

外，带教护士也应承担相应的法律责任。如果护生脱离带教护士的督导，擅自行事造成患者的伤害，就要承担法律责任。所以，带教护士应严格带教，护生应虚心学习，勤学苦练，防止发生差错或事故。护生进入临床实习前，应明确自己法定的职责范围，严格遵守操作规程。

二、执行医嘱的法律问题及应对

医嘱是医生根据患者病情的需要拟订的书面嘱咐，由医护人员共同执行。根据《护士条例》，护理人员在执业中应当正确执行医嘱，观察患者的身心状态，对患者进行专业与人文并重的护理，在执行医嘱时应注意以下几点：

1. 认真、仔细核查医嘱单无误后，及时准确执行医嘱，不可随意篡改或无故不执行医嘱。

2. 若护理人员发现医嘱有明显错误，有权拒绝执行，并向医生提出质疑；反之，若明知该医嘱可能给患者造成损害，酿成严重后果，仍照旧执行，护理人员将与医生共同承担由此所引起的法律责任。

3. 当患者对医嘱提出疑问时，护理人员应在核实医嘱的准确性后再决定是否执行。

4. 当患者病情发生变化时，应及时通知医生，并根据自己的知识和经验与医生协商，确定是否继续或暂停或修改医嘱。

5. 慎重对待口头医嘱和“必要时”等形式的医嘱，一般不执行口头医嘱或电话医嘱。在抢救、手术等特殊情况下，必须执行口头医嘱时，护理人员应向主管医生复诵一遍口头医嘱，双方确认无误后方可执行。在执行完医嘱后，应及时记录医嘱的时间、内容、患者当时的情况等，并提醒医生及时补写书面医嘱。

三、护理文件书写中的法律问题及应对

护理文件是病历的重要组成部分，既是医生观察诊疗效果、调整治疗方案的重要依据，也是检查衡量护理质量的重要资料。为了避免护理文件书写中的法律问题，护士应注意以下几点：

（一）书写客观、准确、及时

护理文书所记录内容必须真实、准确，反映患者的客观事实，不能凭空捏造或主观臆断。根据医院《工作制度》《医疗事故处理条例》的精神，如果在护理文书书写中出现笔误或其他原因造成的错误记录时，应在保证原记录清楚、可辨认的前提下进行修改。修改时使用不同颜色墨水，注明修改时间并签名，以示责任。但是，当发生医疗事故争议后则不得修改。如因抢救急危患者未能及时书写病历，有关医务人员应当在抢救结束后6小时内据实补记，并加以注明。不认真记录、漏记和错记等都可能导致误诊、误治，引起医疗纠纷，如体温曲线不全或失真可能导致某一发热性疾病的误诊；对排便次数记录不准，有可能使便秘患者延误治疗等。

（二）签名清楚、认真

护士执业注册后，才具有相应护理治疗的资格。当执业护士执行完医嘱后，应清楚、认

真地在相应护理文书上签上全名。若为见习实习护士，则应在老师的指导下完成某项操作后签字，同时带教老师应在实习护士签字后再签上自己的姓名，以示负责。

（三）记录完整

在记录护理文书的过程中，应逐页、逐项填写，每项记录前后均不得留有空白，以防添加。保管护理文书过程中，不得丢失、随意拆散以及损坏。保证医护人员通过护理文书记录能全面、及时、动态地了解患者的情况，同时避免在医疗纠纷或事故处理中无相应证据，承担举证不能的责任。

四、药品管理中的法律问题及应对

对于病房药品应有严格的管理制度，特别是麻醉药品。麻醉药品主要指的是哌替啶、吗啡类药物，临床上限用于晚期癌症或者术后镇痛等。麻醉药品应由专人负责保管。护理人员若利用自己的权力将这些药品提供给一些不法人员进行倒卖或吸毒者自用，此行为将构成参与贩毒、吸毒罪。因此，护理管理者应严格贯彻执行药品管理制度，并经常向有条件接触这类药品的护理人员进行法律教育。

五、患者隐私权中的法律问题及应对

患者隐私权，指在医疗活动中患者拥有的保护自身的隐私部位、病史、身体缺陷、特殊经历、遭遇等隐私，不受任何形式的外来侵犯的权利。隐私权的内容除了患者的病情之外，还包括患者在就诊过程中只向医师公开的、不愿意让他人知道的个人信息、私人活动以及其他缺陷或者隐情。我国的医疗卫生法律、行政法规、地方性法规、规章等对患者这一特殊群体的隐私给予了高度重视和格外关照。例如《中华人民共和国执业医师法》第二十二条第（三）项规定：医生在执业活动中应关心、爱护、尊重患者，保护患者的隐私。《中华人民共和国护士管理办法》第二十四条规定：护士在执业中得悉就医者的隐私，不得泄露，但法律另有规定的除外。《护士伦理准则》第二章护士与护理对象中，第四条明确指出“关爱生命，无论何时，救护生命安全第一。尊重人格尊严、知情同意权、自主权、个人隐私权和文化背景”。为患者保守秘密和尊重患者的隐私是临床护理工作中一个重要的伦理学原则，保密意味着限制他人得到患者的私人信息，不得随意泄露患者的病情、个人基本信息、兴趣爱好等。在大力倡导依法治国的今天，护士理应依法开展护理工作，切实保护患者的隐私权。

六、护理差错事故的法律问题及应对

（一）医疗护理差错

医疗护理差错是指在诊疗护理过程中，医护人员因责任心不强，粗心大意，不按规章制度办事或技术水平低下，致使工作中出现过失，但经过及时纠正未给患者造成严重后果或未造成任何后果的医疗纠纷。根据所造成的后果不同，又可将医疗护理差错分为严重差错和一般差错。严重差错指医护人员的诊疗护理过失行为已给患者的身体健康造成了一定的损害，延长了治疗时间，增加了患者的经济负担。一般差错则指尚未对患者的身体健康造成损害，无任何不良反应。

（二）医疗事故

医疗事故是指医疗机构及其医务人员在医疗活动中，违反医疗卫生管理法律、行政法规、部门规章和诊疗护理规范、常规，过失造成患者人身损害的事故。为了正确处理医疗事故，规范医务人员的医疗和护理行为，我国相继颁布了以下法律法规：《医疗事故处理条例》《医疗事故技术鉴定暂行办法》《医疗事故分级标准（试行）》《护士条例》《医疗机构病历管理规定》《医院投诉管理办法（试行）》《病历书写基本规范（2016）》等。根据事故对患者造成的损害程度分为四个等级：一级医疗事故：造成患者死亡、重度伤残的；二级医疗事故：造成患者中度残疾、器官组织损伤导致严重功能障碍的；三级医疗事故：造成患者轻度残疾、器官组织损伤导致一般功能障碍的；四级医疗事故：造成患者明显人身损害的其他后果的。

（三）医疗意外

医疗意外是在诊疗护理工作中，由于无法抗拒的原因，导致患者出现难以预料和防范的不良后果的情况。医疗意外包括两种情况。

1. 在医疗活动中由于患者病情异常或者体质特殊而发生的医疗意外。

2. 在现有医学科学技术条件下，发生无法预料或者不能防范的不良后果。具体来讲，医疗意外具有两个特征：其一，患者死亡、残疾或功能障碍的不良后果发生在诊疗护理工作中；其二，不良后果的发生，是医护人员难以预料和防范的，或者说是他们不能抗拒或者不能预见的原因引起的。

总之，护理差错事故的发生，增加了患者的痛苦，延长了治疗时间，加重了经济负担等。医疗护理差错事故处理涉及保护患者和医疗机构、医务人员双方的合法权益。2002 年 2 月 20 日，国务院第 55 次常务会议通过《医疗事故处理条例》，同年 4 月 4 日，国务院令第 351 号公布，自 2002 年 9 月 1 日起实施。护理人员（包括护生）在工作中不慎出现了差错事故时，应立即向护士长和带教老师汇报，当事人不得隐瞒事实真相；应保留造成差错事故的现场，出现严重差错事故时应向护理部汇报并登记发生经过；科室护士长应按照《中国医院协会患者安全目标（2020 版）》中目标 9“主动报告患者安全事件”及《护理不良事件报告制度》如实上报，事后应组织召开分析讨论会，分析原因，总结经验教训，并提出防范措施和处理意见，尽可能按照《医疗事故处理条例》做出处理。差错事故关系到患者的安危和痛苦，护士必须加强责任心，加强法制观念，工作认真负责，具有“慎独”的精神，严格按规范进行各项护理技术操作，避免差错事故的发生。

本 章 小 结

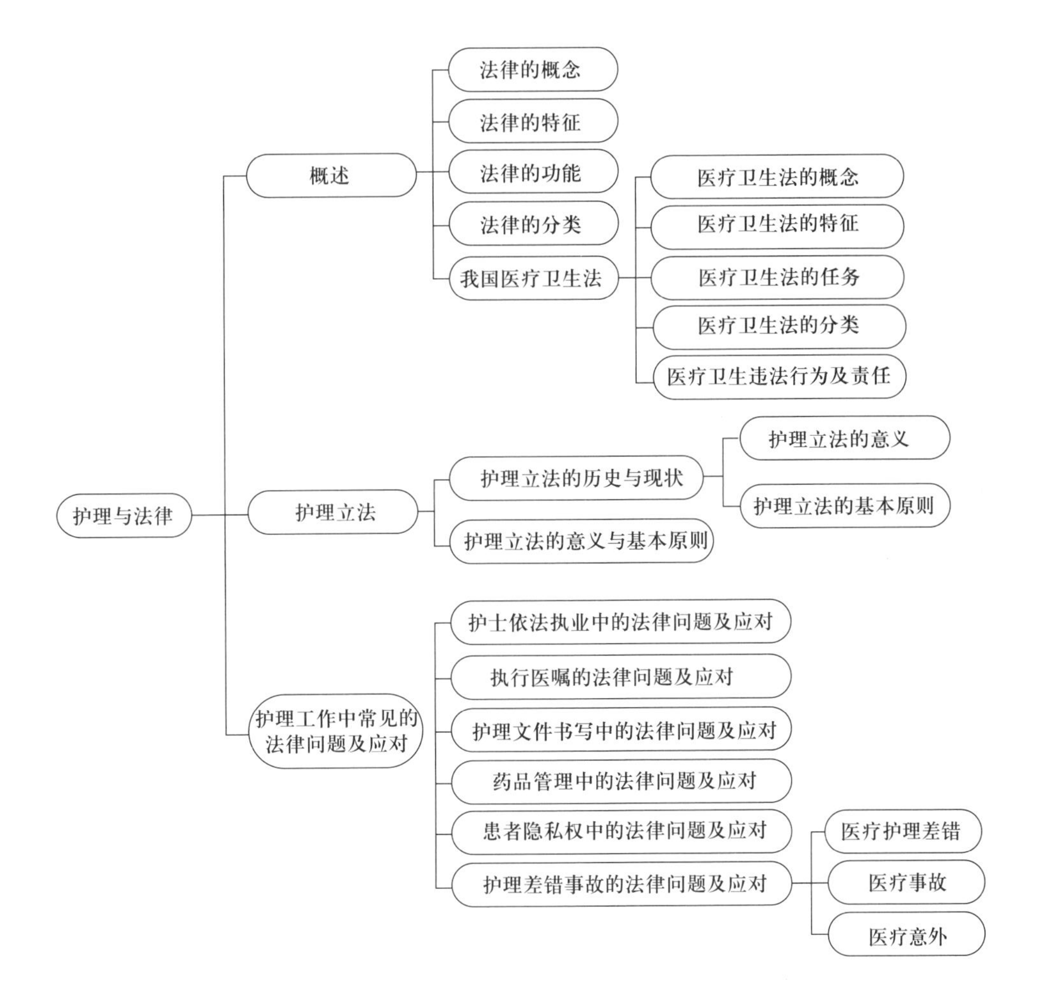
护理与法律
概述
法律的概念
法律的特征
法律的功能
法律的分类
我国医疗卫生法
医疗卫生法的概念
医疗卫生法的特征
医疗卫生法的任务
医疗卫生法的分类
医疗卫生违法行为及责任
护理立法
护理立法的历史与现状
护理立法的意义
护理立法的基本原则
护理立法的意义与基本原则
护理工作中常见的法律问题及应对
护士依法执业中的法律问题及应对
执行医嘱的法律问题及应对
护理文件书写中的法律问题及应对
药品管理中的法律问题及应对
患者隐私权中的法律问题及应对
护理差错事故的法律问题及应对
医疗护理差错
医疗事故
医疗意外

自 测 题

一、选择题

【A1/A2 型题】

1. 世界上第一部护理法颁布于（　　）

A. 1947 年国际护士委员会
B. 1953 年 WHO
C. 1919 年英国
D. 1968 年国际护士委员会
E. 1994 年美国

2. 2008 年 1 月 31 日，国务院总理温家宝签署第 517 号国务院令，公布《护士条例》，正式施行于（　　）

A. 同年 1 月 31 日
B. 同年 3 月 1 日
C. 同年 3 月 12 日
D. 同年 4 月 12 日
E. 同年 5 月 12 日

3. 通常所说的卫生技术人员不包括（　　）

A. 护士
B. 医生
C. 检验人员
D. 药剂人员
E. 护工

4. 按照《护士条例》的要求，护士执业注册基本条件不正确的是（　　）

A. 在教学、综合医院完成 8 个月以上护理临床实习
B. 护理专业学历证书
C. 具有完全民事行为能力
D. 健康证明
E. 户籍证明

5. 护士执业注册有效期是多少年（　　）

A. 2
B. 3
C. 4
D. 5
E. 7

6. 医疗事故是指（　　）

A. 虽有诊疗护理错误，但未造成病员死亡、残废、功能障碍的
B. 由于病情或病员体质特殊而发生难以预料和防范的不良后果的
C. 在诊疗护理工作中，因医务人员诊疗护理过失，直接造成病员死亡、残废、组织器官损伤导致功能障碍的
D. 发生难以避免的并发症的
E. 由于病情或病员体质特殊而发生跌倒、坠床的

7. 医疗机构及其卫生技术人员在（　　）时，必须服从县级以上人民政府卫生行政部门的调遣

A. 医疗扶贫

B. 发生重大灾害、事故、疾病流行或者其他意外情况

C. 开展学术活动

D. 全民健身运动

E. 大型庆典活动

8. 护士接班后巡视病房，患者告知刚才换的液体“输着有些难受”，仔细检查发现上一班的护士误换错液体，故立即处理。因为处理及时，患者未发生药物过敏反应，可视为（　　）

A. 护理差错　　B. 护理事故　　C. 医疗意外

D. 侵权　　E. 失职

9. 某县从事母婴保健工作的医师王某，违反母婴保健法规定，出具有关虚假医学证明而且情节严重，该县卫健局应依法给予王某的处理是（　　）

A. 罚款　　B. 警告　　C. 取消执业资格

D. 降职降薪　　E. 通报批评

10. 护士发现医生医嘱可能存在错误，但仍然执行错误医嘱，对患者造成严重后果，该后果的法律责任由谁承担（　　）

A. 开出医嘱的医生　　B. 执行医嘱的护士

C. 护士和医生共同承担　　D. 科室承担

E. 医院承担

二、简答题

医疗事故的分级有哪些？

三、案例分析题

某医院护士利用工作之便将本科室住院的产妇个人信息提供给母婴用品专卖店、月嫂中心等与婴幼儿相关的服务机构以获取一定好处费，经患者举报后证据确凿，受到了法律的制裁。

思考：

1. 什么是患者的隐私权？个人信息都有哪些？

2. 该护士的行为是否属于违法行为？应该承担什么样的责任？

（庞建妮）

自测题参考答案

第一章

一、选择题

1. C　2. A　3. D　4. A　5. B　6. B　7. A　8. D　9. B　10. C　11. E

二、简答题

1. 南丁格尔对近代护理学的主要贡献有哪些？

答：南丁格尔对近代护理学的主要贡献包括：

（1）为护理向科学化发展奠定了基础：南丁格尔提出的护理理念为现代护理的发展奠定了基础，她认为护理是一门艺术，有其组织性、实用性和科学性。她确定了护理学的概念和护士的任务，首创了公共卫生的护理理念，重视护理对象的生理和心理护理，发展了自己独特的护理环境学说。

（2）撰写著作，指导护理工作：南丁格尔撰写了大量的笔记、论著、报告、书信及日记等，其中最有影响的是《护理札记》和《医院札记》。

（3）创办了世界上第一所护士学校：1860 年，南丁格尔在英国的圣托马斯医院创办了世界上第一所正规的护士学校，使护理由学徒式教导成为了一种正规的学校教育，为正规的护理教育奠定了基础，促进了护理教育的快速发展。

（4）创立了护理制度：南丁格尔强调医院的规章制度、健全的护理管理组织机构是提高护理工作效率和工作质量的科学管理方式，要求医院设立护理部，由护理部主任负责护理管理工作，使护理工作走向了制度化及规范化。

（5）提出护理伦理思想：南丁格尔强调护理伦理及人道主义观念，维护和尊重患者的利益。

2. 简述责任制护理的优缺点。

答：（1）责任制护理的优点：①护士责任明确，责任感和自主性明显增强，对自己的工作有成就感；②能全面了解患者情况，为患者提供连续、整体、个别化的护理，患者归属感和安全感增加，对护理工作的满意度提高；③有利于建立良好的护患关系；④有利于护士发挥独立的护理功能，推动专业化进程。

（2）责任制护理的缺点：①对责任护士的要求较高，而符合此要求的护士数量严重不足；② 24 小时负责制给护士带来较大的责任和压力；③表格填写及文字书写任务过重，人力、财力消耗较大。

第二章

一、选择题

1. E　2. A　3. E　4. D　5. B　6. E　7. E　8. A　9. E　10. C　11. C

二、简答题

1. 如何认识人、环境、健康、护理四个概念的相互关系？

答：人、环境、健康和护理四个基本概念是密切相关的，缺乏概念中的任何一个，护理都不可能发展成为一门学科，也不可能步入专业领域。因此，人、健康、环境、护理的区别和联系如下：

（1）人：护理工作的对象是人。护理是为人的健康服务的。人是生物的、心理的、社会的统一体。

（2）环境：外环境指自然环境和社会环境。自然环境包括居住条件、空气、树木、阳光、水等。社会环境包括人的社会交往、风俗习惯以及政治、经济、法律、宗教制度等。内环境指人的生理和心理变化。

（3）健康：1989年联合国世界卫生组织（WHO）对健康做了新的定义，即“健康不仅是没有疾病，而且包括躯体健康、心理健康、社会适应良好和道德健康”。

（4）护理：护理是诊断和处理人类对现存的和潜在的健康问题的反应，是指护士采用护理程序，使人与环境保持平衡，达到使每个人均获得、保持和恢复健康的最佳状态。

人、环境、健康、护理的关系是护理对象（人、家庭、社区）存在于环境之中，并与环境互为影响。护理作用于护理对象和环境，通过护理活动为护理对象创造良好的环境，并帮助护理对象适应环境，从而促进其由疾病向健康的转化，以达到最佳的健康状态。

2. 简述整体护理的思想内涵。

答：整体护理的思想内涵包括：

（1）强调人的整体性：人是一个由各部分组成的有机体，各部分之间相互影响、相互作用，包含身心相互作用、相互影响的开放式不断变化的整体。

（2）强调护理的整体性：护理要为护理对象提供包括生理、社会、心理、文化、精神等多层面全方位的护理。

（3）强调专业的整体性：护理专业是一个由相互关联和相互作用的部分组成的整体，包括临床护理、护理管理、护理科研等以及护理人员之间、护患之间、医护之间的相互联系、相互协作的一个系统的科学的整体。

3. 环境中有哪些因素影响健康？

答：（1）生物因素：影响人健康的主要因素。

（2）心理因素：消极的心理因素可引起多种疾病，而良好的心理情绪状态又有利于疾病的治疗和身体的康复。

（3）环境因素：环境是人类赖以生存和发展的基础，对人类健康至关重要。人类健康问题或多或少都与环境因素有关。

（4）生活方式：不良的饮食习惯、吸烟、酗酒、缺乏锻炼、经常熬夜等，可导致机体内分泌失调而致病；而规律适当的生活作息、家庭和睦等生活方式对健康则能产生积极的影响。

（5）医疗卫生服务体系：卫生服务体系能够决定人们获得卫生保健、治疗和护理的方式等，从而对人类健康产生重大影响。

三、论述题

试述在护理实践中进行整体护理时应注意什么。谈谈你的理解。

答：整体护理是以现代护理观为指导，以护理程序为框架，以护理对象为中心，根据其不同的需求和特点，提供生理、心理、社会等全面的帮助和照护，以解决护理对象现存的或潜在的健康问题的护理实践活动。因此，在护理中应注意：

（1）护理贯穿于生命的全过程：护理服务应贯穿于人成长与发展的各个阶段，即人的一生从胚胎到死亡都需要护理服务，包括母婴保健、新生儿护理、儿童青少年护理、成人护理、老年护理、临终关怀等。

（2）护理贯穿于人的疾病和健康的全过程：在人类动态平衡的运动过程中，每个环节都有护理的介入。护理对象不仅包括患病的人，还包括健康的人；护理不仅帮助人们恢复健康，还会通过健康教育、预防保健等方式来帮助人们维护健康、提高健康水平。

（3）护理为全人类提供服务：护理对象不仅包括个体，还包括群体；不仅包括个人，还包括家庭、社区。即护理的最终目标是提高全人类的健康水平。

第三章

一、选择题

1. D　2. C　3. D　4. B　5. B　6. E　7. D　8. D　9. D　10. C

二、简答题

1. 简述护士素质的基本内容。

答：护士素质的基本内容：政治思想素质、科学文化素质、专业素质、心理和身体素质等方面。

2. 护士可以使用哪些非语言行为?

答：护士可以使用的非语言行为：倾听、面部表情、专业性触摸、沉默、人际距离。

第四章

一、选择题

1. B　2. B　3. A　4. A　5. A　6. E　7. B　8. C　9. C　10. D

二、简答题

1. 现代疾病观是如何解释疾病的?

答：疾病是机体在一定内外因素作用下出现的一定部位的功能、代谢或形态结构的改变，是机体内部及机体与环境间平衡的破坏或正常状态的偏离。从护理的角度讲，疾病是一个生理、心理、社会和精神损伤的综合表现，是无数生态因素和社会因素作用的结果。

2. 疾病会给患者及家庭带来哪些影响？

答：疾病会导致家庭经济负担加重、疾病传染、家庭成员精神压力增大、家庭成员情绪变化以及家庭矛盾增多。

三、案例分析题

1. 该案例说明健康与疾病存在什么关系？

答：健康与疾病是一个动态的过程，在一定条件下可以相互转化，在同一个体上可以并存。

2. 疾病给张某带来了哪些影响？

答：疾病会造成人体内各种内环境的紊乱，器质性疾病会引起实质脏器的损伤，另外，患病会对张某生理、心理、精神、睡眠、饮食等各个方面造成不同程度的影响，也会给其家庭带来经济负担。

第五章

一、选择题

1. E　2. B　3. C　4. D　5. C　6. D　7. E　8. D　9. E　10. C

二、简答题

1. 卫生服务体系包括哪些？

答：卫生服务体系包括：

（1）卫生行政组织

（2）卫生事业组织：①医疗机构；②预防保健服务机构；③医学教育机构；④医学科学研究机构。

（3）卫生监督与监督执法体系

（4）卫生保障体系：①社会医疗保险；②商业医疗保险。

（5）群众卫生组织：①群众性卫生机构；②学术性社会团体；③基层群众卫生组织。

2. 小王从某医科大学护理专业毕业后，选择到一家社区卫生服务中心工作。小王所在的医疗机构属于哪一类？主要服务内容有哪些？

答：小王所在的医疗机构属于一级医院。其主要服务内容有：①保健服务；②健康教育；③慢性病患者的护理管理；④急、重症患者的急救与转诊；⑤康复服务；⑥临终关怀。

第六章

一、选择题

1. A　2. B　3. C　4. A　5. E　6. E　7. C　8. C　9. D　10. B

二、简答题

1. 根据马斯洛的人类基本需要层次论将人的基本需要分成哪些层次？

答：马斯洛将需要按其重要性和发生的先后顺序，由低到高分为五个层次，依次为：

（1）生理的需要；

（2）安全的需要；

（3）爱与归属感的需要；

（4）尊重的需要；

（5）自我实现的需要。

2. 举例说明奥瑞姆护理系统理论中的护理系统的分类。

答：（1）完全补偿护理系统，是针对完全没有自理能力的患者，护士需要为患者提供完全的照顾。如昏迷、高位截瘫的患者。

（2）部分补偿护理系统，是针对有部分自理能力的患者，护士的功能是补偿患者自理不足的部分。如骨折固定后的患者。

（3）教育支持系统，是针对有较好的自理能力的患者，患者能进行自理活动，护士的作用是教育和支持、提高其自理能力。

第七章

一、选择题

1. C　2. C　3. C　4. D　5. E　6. B　7. B　8. C　9. E　10. A　11. D　12. C　13. A　14. D

二、简答题

1. 护理程序有哪几个步骤？

答：护理程序的步骤包括护理评估、护理诊断、护理计划、护理措施、护理评价。

2. 简述护理诊断排列优先顺序的原则及注意事项有哪些？

答：护理诊断排列优先顺序的原则及注意事项：

（1）优先解决危及生命的问题，也就是首优问题。

（2）按需要层次理论进行排序，先解决最低层次问题，后解决高层次问题，必要时可以适当调整。

（3）注重照护对象的主观感觉，与治疗、护理原则无冲突时可以按照照护对象的意愿解决。

（4）一般优先解决现存的问题，如果潜在的问题性质严重，可能危及患者的生命时，可将其列为首优问题。

第八章

一、选择题

1. E　2. D　3. D　4. A　5. C　6. C　7. E　8. D　9. E　10. C

二、简答题

简述健康教育的程序。

答：健康教育的程序：评估（收集相关资料和信息，根据学习者的学习需要、文化背景、身心状况、学习资源等，进行科学判断，确定健康教育的内容和方法）、制订健康教育计划（问题排序、确定健康教育目标、制订健康教育措施、书写健康教育计划）、实施（实施前准备、实施、实施后记录）、评价（短期评价、中期评价和长期评价）。

三、案例分析题

1. 患者存在哪些高血压危险因素？

答：高血压危险因素包括家族史、年龄、性格和精神因素、食盐过量、过度紧张或疲劳、肥胖、吸烟、饮酒、季节和气候变化等，这些都可能引起血压升高。据了解，李大妈的母亲也有高血压，根据上面危险因素，李大妈存在家族史、年龄、性格和精神因素、食盐过量、过度紧张或疲劳等多项危险因素。

2. 分析李大妈自行停药和症状加重的原因？

答：李大妈自行停药和症状加重的原因有：

（1）李大妈缺乏降低高血压危险因素的相关知识，如避免着急、过度劳累、低盐饮食等。

（2）李大妈缺乏高血压用药相关知识，没有认识到用药过程中需要根据血压及时找医生调整药物，以及随意停药可能带来的不良后果。

（3）医生的健康教育不到位。医生仅交代以后要一直服药，但是没有告知其长期服药的意义，需要定期监测血压，以及出现什么情况需要及时找医生调整药物等用药注意事项；也没有指导患者如何避免危险因素。

3. 简述对李大妈的健康教育策略。

答：对李大妈的健康教育策略：

（1）介绍调整心态的方法，避免不休息连续做事，纠正其做事着急的习惯，放慢做事速度。

（2）低盐饮食。告知李大妈每天食盐需控制在 3 g 以下，并称出 3 g 盐的含量，让其知道是多少，并尽量不吃咸菜。

（3）告知其高血压用药相关知识。讲明用药后即使血压正常了也需长期服药的意义，以及随意停药可能带来的不良后果。因李大妈女儿为其买了腕式血压计，教会其自测血压的方法。用药过程中如出现血压高于或低于平时正常值，均应及时找医生查明原因调整药物。

（4）告诉李大妈咨询电话，有问题可进行咨询。

第九章

一、选择题

1. C 2. E 3. B 4. D 5. B 6. A 7. C 8. B 9. B 10. B

二、简答题

1. 临床护理决策的类型有哪些？

答：在临床护理工作中，临床护理决策通常可以划分为 3 种类型：①确定型临床护理决策；②风险型临床护理决策；③不确定型临床护理决策。

2. 循证护理的特点是什么？

答：①重视证据：应寻求有价值的、科学可信的科学研究成果为证据；②重视个性化差异：应及时根据患者个体反应，做出判断，保证护理方案科学、有效；③重视整体观：应用护理程序的工作方法，为患者提供科学、有效的护理。

第十章

一、选择题

1. C　2. E　3. E　4. E　5. D　6. C　7. B　8. A　9. C　10. C

二、简答题

医疗事故的分级有哪些？

答：根据事故对患者造成的损害程度分为四个等级：一级医疗事故：造成患者死亡、重度伤残的；二级医疗事故：造成患者中度残疾、器官组织损伤导致严重功能障碍的；三级医疗事故：造成患者轻度残疾、器官组织损伤导致一般功能障碍的；四级医疗事故：造成患者明显人身损害的其他后果的。

三、案例分析题

1. 什么是患者的隐私权？个人信息都有哪些？

答：患者隐私权指在医疗活动中患者拥有的保护自身的隐私部位、病史、身体缺陷、特殊经历、遭遇等隐私，不受任何形式的外来侵犯的权利。隐私权的内容除了患者的病情之外，还包括患者在就诊过程中只向医师公开的、不愿意让他人知道的个人信息、私人活动以及其他缺陷或者隐情。

个人信息包括：年龄、性别、居住地址、工作单位、联系方式、兴趣爱好等。

2. 该护士的行为是否属于违法行为？应该承担什么样的责任？

答：该护士的行为属于违法行为，违反了《刑法》，属于《刑法》第二百五十三条规定，违反国家有关规定，向他人出售或者提供公民个人信息，情节严重的，处三年以下有期徒刑或者拘役，并处或者单处罚金；情节特别严重的，处三年以上七年以下有期徒刑，并处罚金。

附录 1　NANDA 护理诊断

领域 1：健康促进（Health Promotion）

类别 1：健康意识（Health Awareness）

1. 娱乐活动缺乏（Deficient Diversional Activity）（00097）

2. 静态的生活方式（Sedentary Lifestyle）（00168）

类别 2：健康管理（Health Management）

3. 缺乏公共卫生（Deficient Community Health）（00215）

4. 有危险倾向的健康行为（Risk-Prone Health Behavior）（00188）

5. 健康维持无效（Ineffective Health Maintenance）（00099）

6. 有增强免疫状态的愿望（Readiness for Enhanced Immunization Status）（00186）

7. 防护无效（Ineffective Protection）（00043）

8. 自我健康维持无效（Ineffective Self-Health Management）（00078）

9. 有增强自我健康管理的愿望（Readiness for Enhanced Self-Health Management）（00162）

10. 家庭执行治疗方案无效（Ineffective Family Therapeutic Regimen Management）（00080）

领域 2：营养（Nutrition）

类别 1：摄入（Ingestion）

11. 母乳不足（Insufficient Breast Milk）（00216）

12. 婴儿喂养无效（Ineffective Infant Feeding Pattern）（00107）

13. 营养失调：低于机体需要量（Imbalanced Nutrition：Less Than Body Requirements）（00002）

14. 营养失调：高于机体需要量（Imbalanced Nutrition：More Than Body Requirements）（00001）

15. 有增强营养的愿望（Readiness for Enhanced Nutrition）（00163）

16. 有营养失调的危险：高于机体需要量（Risk for Imbalanced Nutrition：More Than Body Requirements）（00003）

17. 吞咽能力受损（Impaired Swallowing）（00103）

类别 2：消化（Digestion）

类别 3：吸收（Absorption）

类别 4：代谢（Metabolism）

18. 有血糖不稳定的危险（Risk for Unstable Blood Glucose Level）（00179）

19. 新生儿黄疸（Neonatal Jaundice）（00194）

20. 有新生儿黄疸的危险（Risk for Neonatal Jaundice）（00230）

21. 有肝功能受损的危险（Risk for Impaired Liver Function）（00178）

类别 5：水化（Hydration）

22. 有电解质失衡的危险（Risk for Electrolyte Imbalance）（00195）

23. 有维持体液平衡的愿望（Readiness for Enhanced Fluid Balance）（00160）

24. 体液不足（Deficient Fluid Volume）（00027）

25. 体液过多（Excess Fluid Volume）（00026）

26. 有体液不足的危险（Risk for Deficient Fluid Volume）（00028）

27. 有体液失衡的危险（Risk for Imbalanced Fluid Volume）（00025）

领域 3：排泄（Elimination and Exchange）

类别 1：排尿功能（Urinary Function）

28. 功能性尿失禁（Functional Urinary Incontinence）（00020）

29. 充溢性尿失禁（Overflow Urinary Incontinence）（00176）

30. 反射性尿失禁（Reflex Urinary Incontinence）（00018）

31. 压力性尿失禁（Stress Urinary Incontinence）（00017）

32. 急迫性尿失禁（Urge Urinary Incontinence）（00019）

33. 有急迫性尿失禁的危险（Risk for Urge Urinary Incontinence）（00022）

34. 排尿形态改变（Impaired Urinary Elimination）（00016）

35. 有排尿形态恢复正常的愿望（Readiness for Enhanced Urinary Elimination）（00166）

36. 尿潴留（Urinary Retention）（00023）

类别 2：胃肠功能（Gastrointestinal Function）

37. 便秘（Constipation）（00011）

38. 感知性便秘（Perceived Constipation）（00012）

39. 有便秘的危险（Risk for Constipation）（00015）

40. 腹泻（Diarrhea）（00013）

41. 胃肠动力紊乱（Dysfunctional Gastrointestinal Motility）（00196）

42. 有胃肠动力紊乱的危险（Risk for Dysfunctional Gastrointestinal Motility）（00197）排便失禁（Bowel Incontinence）（00014）

类别 3：皮肤功能（Integumentary Function）

类别 4：呼吸功能（Respiratory Function）

43. 气体交换受损（Impaired Gas Exchange）（00030）

领域 4：活动 / 休息（Activity/Rest）

类别 1：睡眠 / 休息（Sleep/Rest）

44. 失眠（Insomnia）（00095）
45. 睡眠剥夺（Sleep Deprivation）（00096）
46. 有睡眠形态增进的愿望（Readiness for Enhanced Sleep）（00165）
47. 睡眠形态紊乱（Disturbed Sleep Pattern）（00198）

类别 2：活动 / 运动（Activity/Exercise）

48. 有废用综合征的危险（Risk for Disuse Syndrome）（00040）
49. 床上活动障碍（Impaired Bed Mobility）（00091）
50. 躯体移动障碍（Impaired Physical Mobility）（00085）
51. 借助轮椅活动障碍（Impaired Wheelchair Mobility）（00089）
52. 移位能力障碍（Impaired Transfer Ability）（00090）
53. 行走障碍（Impaired Walking）（00088）

类别 3：能量平衡（Energy Balance）

54. 能量场紊乱（Disturbed Energy Field）（00050）
55. 疲乏（Fatigue）（00093）
56. 漫游（Wandering）（00154）

类别 4：心血管 / 肺部反应（Cardiovascular/Pulmonary Responses）

57. 活动无耐力（Activity Intolerance）（00092）
58. 有活动无耐力的危险（Risk for Activity Intolerance）（00094）
59. 低效性呼吸型态（Ineffective Breathing Pattern）（00032）
60. 心输出量减少（Decreased Cardiac Output）（00029）
61. 有胃肠灌注不足的危险（Risk for Ineffective Gastrointestinal Perfusion）（00202）
62. 有肾脏灌注不足的危险（Risk for Ineffective Renal Perfusion）（00203）
63. 不能维持自主呼吸（Impaired Spontaneous Ventilation）（00033）
64. 周围组织灌注不足（Ineffective Peripheral Tissue Perfusion）（00204）
65. 有心脏组织灌注不足的危险（Risk for Decreased Cardiac Tissue Perfusion）（00200）
66. 有脑组织灌注不足的危险（Risk for Ineffective Cerebral Tissue Perfusion）（00201）
67. 有周围组织灌注不足的危险（Risk for Ineffective Peripheral Tissue Perfusion）（00228）
68. 呼吸机依赖（Dysfunctional Ventilatory Weaning Response）（00034）

类别 5：自我照顾（Self-Care）

69. 持家能力障碍（Impaired Home Maintenance）（00098）
70. 有增强自理的愿望（Readiness for Enhanced Self-Care）（00182）
71. 沐浴自理缺陷（Bathing Self-Care Deficit）（00108）
72. 穿衣自理缺陷（Dressing Self-Care Deficit）（00109）
73. 进食自理缺陷（Feeding Self-Care Deficit）（00102）
74. 如厕自理缺陷（Toileting Self-Care Deficit）（00110）

75. 忽视自我健康管理（Self-Neglect）（00193）

领域 5：知觉 / 认知（Perception/Cognition）

类别 1：注意力（Attention）

76. 忽视单侧身体（Unilateral Neglect）（00123）

类别 2：定向力（Orientation）

77. 环境解析障碍综合征（Impaired Environmental Interpretation Syndrome）（00127）

类别 3：感觉 / 知觉（Sensation/Perception）

类别 4：认知（Cognition）

78. 急性意识障碍（Acute Confusion）（00128）

79. 慢性意识障碍（Chronic Confusion）（00129）

80. 有急性意识障碍的危险（Risk for Acute Confusion）（00173）

81. 自我控制无效（Ineffective Impulse Control）（00222）

82. 知识缺乏（Deficient Knowledge）（00126）

83. 有增加知识的愿望（Readiness for Enhanced Knowledge）（00161）

84. 记忆受损（Impaired Memory）（00131）

类别 5：沟通（Communication）

85. 有加强沟通的愿望（Readiness for Enhanced Communication）（00157）

86. 语言沟通障碍（Impaired Verbal Communication）（00051）

领域 6：自我知觉（Self-Perception）

类别 1：自我概念（Self-Concept）

87. 绝望（Hopelessness）（00124）

88. 有危及个人尊严的危险（Risk for Compromised Human Dignity）（00174）

89. 有孤独的危险（Risk for Loneliness）（00054）

90. 自我认同紊乱（Disturbed Personal Identity）（00121）

91. 有自我认同紊乱的危险（Risk for Disturbed Personal Identity）（00225）

92. 有增强自我概念的愿望（Readiness for Enhanced Self-Concept）（00167）

类别 2：自尊（Self-Esteem）

93. 慢性低自尊（Chronic Low Self-Esteem）（00119）

94. 情境性低自尊（Situational Low Self-Esteem）（00120）

95. 有慢性低自尊的危险（Risk for Chronic Low Self-Esteem）（00224）

96. 有情境性低自尊的危险（Risk for Situational Low Self-Esteem）（00153）

类别 3：自我形象（Body Image）

97. 自我形象紊乱（Disturbed Body Image）（00118）

领域 7：角色关系（Role Relationships）

类别 1：照顾者角色（Caregiving Roles）

98. 母乳喂养无效（Ineffective Breastfeeding）（00104）

99. 母乳喂养中断（Interrupted Breastfeeding）（00105）

100. 有增强母乳喂养的愿望（Readiness for Enhanced Breastfeeding）（00106）

101. 照顾者角色紧张（Caregiver Role Strain）（00061）

102. 有照顾者角色紧张的危险（Risk for Caregiver Role Strain）（00062）

103. 抚养障碍（Impaired Parenting）（00056）

104. 有增进抚养能力的愿望（Readiness for Enhanced Parenting）（00164）

105. 有抚养障碍的危险（Risk for Impaired Parenting）（00057）

类别 2：家庭关系（Family Relationships）

106. 有依附关系障碍的危险（Risk for Impaired Attachment）（00058）

107. 家庭运作紊乱（Dysfunctional Family Processes）（00063）

108. 家庭运作中断（Interrupted Family Processes）（00060）

109. 有家庭运作稳定的愿望（Readiness for Enhanced Family Processes）（00159）

类别 3：角色表现（Role Performance）

110. 无效的关系（Ineffective Relationship）（00223）

111. 有增进关系的愿望（Readiness for Enhanced Relationship）（00207）

112. 有关系无效的危险（Risk for Ineffective Relationship）（00229）

113. 父母角色冲突（Parental Role Conflict）（00064）

114. 角色紊乱（Ineffective Role Performance）（00055）

115. 社交障碍（Impaired Social Interaction）（00052）

领域 8：性学（Sexuality）

类别 1：性别认同（Sexual Identity）

类别 2：性功能（Sexual Function）

116. 性功能障碍（Sexual Dysfunction）（00059）

117. 性生活形态改变（Ineffective Sexuality Pattern）（00065）

类别 3：生殖（Reproduction）

118. 分娩过程无效（Ineffective Childbearing Process）（00221）

119. 有增进分娩过程的愿望（Readiness for Enhanced Childbearing Process）（00208）

120. 有分娩过程无效的危险（Risk for Ineffective Childbearing Process）（00227）

121. 有母体－胎儿受干扰的危险（Risk for Disturbed Maternal–Fetal Dyad）（00209）

领域 9：调适 / 压力耐受（Coping/Stress Tolerance）

类别 1：创伤后反应（Post–Trauma Responses）

122. 创伤后综合征（Post-Trauma Syndrome）（00141）

123. 有创伤后综合征的危险（Risk for Post-Trauma Syndrome）（00145）

124. 强暴创伤综合征（Rape-Trauma Syndrome）（00142）

125. 迁移应激综合征（Relocation Stress Syndrome）（00114）

126. 有迁移应激综合征的危险（Risk for Relocation Stress Syndrome）（00149）

类别 2：应对反应（Coping Responses）

127. 活动计划无效（Ineffective Activity Planning）（00199）

128. 有活动计划无效的危险（Risk for Ineffective Activity Planning）（00226）

129. 焦虑（Anxiety）（00146）

130. 防御性应对（Defensive Coping）（00071）

131. 应对无效（Ineffective Coping）（00069）

132. 有增强应对的愿望（Readiness for Enhanced Coping）（00158）

133. 社区应对无效（Ineffective Community Coping）（00077）

134. 社区有增强应对的愿望（Readiness for Enhanced Community Coping）（00076）

135. 家庭妥协性应对（Compromised Family Coping）（00074）

136. 家庭应对缺陷（Disabled Family Coping）（00073）

137. 家庭有增强应对的愿望（Readiness for Enhanced Family Coping）（00075）

138. 死亡焦虑（Death Anxiety）（00147）

139. 无效性否认（Ineffective Denial）（00072）

140. 成人生存功能衰退（Adult Failure to Thrive）（00101）

141. 恐惧（Fear）（00148）

142. 悲痛（Grieving）（00136）

143. 复杂性哀伤（Complicated Grieving）（00135）

144. 有复杂性哀伤的危险（Risk for Complicated Grieving）（00172）

145. 有增强能力的愿望（Readiness for Enhanced Power）（00187）

146. 无能为力（Powerlessness）（00125）

147. 有无能为力的危险（Risk for Powerlessness）（00152）

148. 个人复原能力受损（Impaired Individual Resilience）（00210）

149. 有增强复原能力的愿望（Readiness for Enhanced Resilience）（00212）

150. 有危及复原的危险（Risk for Compromised Resilience）（00211）

151. 长期悲伤（Chronic Sorrow）（00137）

152. 超负荷压力（Stress Overload）（00177）

类别 3：神经行为压力（Neurobehavioral Stress）

153. 自主性反射障碍（Autonomic Dysreflexia）（00009）

154. 有自主反射障碍的危险（Risk for Autonomic Dysreflexia）（00010）

155. 婴儿行为紊乱（Disorganized Infant Behavior）（00116）

156. 婴儿有行为能力增强的潜力（Readiness for Enhanced Organized Infant Behavior）（00117）

157. 有婴儿行为紊乱的危险（Risk for Disorganized Infant Behavior）（00115）

158. 颅内调试能力下降（Decreased Intracranial Adaptive Capacity）（00049）

领域 10：生命原则（Life Principles）

类别 1：价值观（Values）

159. 有增进希望的愿望（Readiness for Enhanced Hope）（00185）

类别 2：信念（Beliefs）

160. 有促进精神健康增强的愿望（Readiness for Enhanced Spiritual Well–Being）（00068）

类别 3：价值 / 信念 / 行动一致（Value/Belief/Action Congruence）

161. 有增强决策的愿望（Readiness for Enhanced Decision–Making）（00184）

162. 决策冲突（Decisional Conflict）（00083）

163. 道德困扰（Moral Distress）（00175）

164. 不合作（Noncompliance）（00079）

165. 虔信受损（Impaired Religiosity）（00169）

166. 有增进虔信的愿望（Readiness for Enhanced Religiosity）（00171）

167. 有虔信受损的危险（Risk for Impaired Religiosity）（00170）

168. 精神困扰（Spiritual Distress）（00066）

169. 有精神困扰的危险（Risk for Spiritual Distress）（00067）

领域 11：安全 / 保护（Safety/Protection）

类别 1：感染（Infection）

170. 有感染的危险（Risk for Infection）（00004）

类别 2：身体伤害（Physical Injury）

171. 清理呼吸道无效（Ineffective Airway Clearance）（00031）

172. 有误吸的危险（Risk for Aspiration）（00039）

173. 有出血的危险（Risk for Bleeding）（00206）

174. 牙齿受损（Impaired Dentition）（00048）

175. 有干眼症的危险（Risk for Dry Eye）（00219）

176. 有跌倒的危险（Risk for Falls）（00155）

177. 有受伤的危险（Risk for Injury）（00035）

178. 口腔黏膜受损（Impaired Oral Mucous Membrane）（00045）

179. 有围术期体位性损伤的危险（Risk for Perioperative Positioning Injury）（00087）

180. 有周围神经血管功能障碍的危险（Risk for Peripheral Neurovascular Dysfunction）（00086）

181. 有休克的危险（Risk for Shock）（00205）

182. 皮肤完整性受损（Impaired Skin Integrity）（00046）

183. 有皮肤完整性受损的危险（Risk for Impaired Skin Integrity）（00047）

184. 有婴儿猝死综合征的危险（Risk for Sudden Infant Death Syndrome）（00156）

185. 有窒息的危险（Risk for Suffocation）（00036）

186. 术后恢复延迟（Delayed Surgical Recovery）（00100）

187. 有烫伤的危险（Risk for Thermal Injury）（00220）

188. 组织完整性受损（Impaired Tissue Integrity）（00044）

189. 有外伤的危险（Risk for Trauma）（00038）

190. 有血管受损的危险（Risk for Vascular Trauma）（00213）

类别 3：暴力（Violence）

191. 有虐待他人的危险（Risk for Other-Directed Violence）（00138）

192. 有自虐的危险（Risk for Self-Directed Violence）（00140）

193. 自残（Self-Mutilation）（00151）

194. 有自残的危险（Risk for Self-Mutilation）（00139）

195. 有自杀的危险（Risk for Suicide）（00150）

类别 4：环境危害（Environmental Hazards）

196. 污染（Contamination）（00181）

197. 有污染的危险（Risk for Contamination）（00180）

198. 有中毒的危险（Risk for Poisoning）（00037）

类别 5：防御过程（Defensive Processes）

199. 有碘造影剂不良反应的危险（Risk for Adverse Reaction to Iodinated Contrast Media）（000218）

200. 乳胶过敏反应（Latex Allergy Response）（00041）

201. 有过敏反应的危险（Risk for Allergy Response）（00217）

202. 有乳胶过敏反应的危险（Risk for Latex Allergy Response）（00042）

类别 6：体温调节（Thermoregulation）

203. 有体温平衡失调的危险（Risk for Imbalanced Body Temperature）（00005）

204. 体温过高（Hyperthermia）（00007）

205. 体温过低（Hypothermia）（00006）

206. 体温调节无效（Ineffective Thermoregulation）（00008）

领域 12：舒适（Comfort）

类别 1：身体舒适（Physical Comfort）

类别 2：环境舒适（Environmental Comfort）

类别 3：社交舒适（Social Comfort）

207. 舒适的改变（Impaired Comfort）（00214）

208. 有增加舒适的愿望（Readiness for Enhanced Comfort）（00183）

209. 恶心（Nausea）（00134）

210. 急性疼痛（Acute Pain）（00132）

211. 慢性疼痛（Chronic Pain）（00133）

212. 社交隔离（Social Isolation）（00053）

领域 13：生长 / 发育（Growth/Development）

类别 1：生长（Growth）

213. 有生长不成比例的危险（Risk for Disproportionate Growth）（00113）

类别 2：发育（Development）

214. 生长发育迟缓（Delayed Growth and Development）（00111）

215. 有发育迟缓的危险（Risk for Delayed Development）（00112）

一、新增诊断（16 项）

领域 1：健康促进（Health Promotion）

类别 2：健康管理（Health Management）

216. 缺乏公共卫生（Deficient Community Health）（00215）

领域 2：营养（Nutrition）

类别 1：摄入（Ingestion）

217. 母乳不足（Insufficient Breast Milk）（00216）

类别 4：代谢（Metabolism）

218. 有新生儿黄疸的危险（Risk for Neonatal Jaundice）（00230）

领域 4：活动 / 休息（Activity/Rest）

类别 4：心血管 / 肺部反应（Cardiovascular/Pulmonary Responses）

219. 有周围组织灌注不足的危险（Risk for Ineffective Peripheral Tissue Perfusion）（00228）

领域 5：知觉 / 认知（Perception / Cognition）

类别 3：感觉 / 知觉（Sensation/Perception）

类别 4：认知（Cognition）

220. 自我控制无效（Ineffective Impulse Control）（00222）

领域 6：自我知觉（Self-Perception）

类别 1：自我概念（Self-Concept）

221. 有自我认同紊乱的危险（Risk for Disturbed Personal Identity）（00225）

类别 2：自尊（Self-Esteem）

222. 有慢性低自尊的危险（Risk for Chronic Low Self-Esteem）(00224)

领域 7：角色关系（Role Relationships）

类别 3：角色表现（Role Performance）

223. 无效的关系（Ineffective Relationship）(00223)

224. 有关系无效的危险（Risk for Ineffective Relationship）(00229)

领域 8：性学（Sexuality）

类别 3：生殖（Reproduction）

225. 分娩过程无效（Ineffective Childbearing Process）(00221)

226. 有分娩过程无效的危险（Risk for Ineffective Childbearing Process）(00227)

领域 9：调适 / 压力耐受（Coping/Stress Tolerance）

类别 2：应对反应（Coping Responses）

227. 有活动计划无效的危险（Risk for Ineffective Activity Planning）(00226)

领域 11：安全 / 保护（Safety/Protection）

类别 2：身体伤害（Physical Injury）

228. 有干眼症的危险（Risk for Dry Eye）(00219)

229. 有烫伤的危险（Risk for Thermal Injury）(00220)

类别 5：防御过程（Defensive Processes）

230. 有碘造影剂不良反应的危险（Risk for Adverse Reaction to Iodinated Contrast Media）(000218)

231. 有过敏反应的危险（Risk for Allergy Response）(00217)

二、修改诊断（11 项）

有增强母乳喂养的愿望（Readiness for Enhanced Breastfeeding）(00106)

低效性呼吸型态（Ineffective Breathing Pattern）(00032)

舒适的改变（Impaired Comfort）(00214)

有感染的危险（Risk for Infection）(00004)

新生儿黄疸（Neonatal Jaundice）(00194)

恶心（Nausea）(00134)

无能为力（Powerlessness）(00125)

有无能为力的危险（Risk for Powerlessness）(00152)

有增强自我健康管理的愿望（Readiness for Enhanced Self-Health Management）(00162)

有皮肤完整性受损的危险（Risk for Impaired Skin Integrity）(00047)

周围组织灌注不足（Ineffective Peripheral Tissue Perfusion）(00204)

三、退出诊断（1 项）

领域 5：知觉 / 认知（Perception/Cognition）

类别 5：沟通（Communication）

感觉知觉紊乱（特定的：视觉、听觉、方位感、味觉、触觉、嗅觉）（Disturbed Sensory Perception）（00122）

附录 2　护士条例

第一章　总　则

第一条　为了维护护士的合法权益，规范护理行为，促进护理事业发展，保障医疗安全和人体健康，制定本条例。

第二条　本条例所称护士，是指经执业注册取得护士执业证书，依照本条例规定从事护理活动，履行保护生命、减轻痛苦、增进健康职责的卫生技术人员。

第三条　护士人格尊严、人身安全不受侵犯。护士依法履行职责，受法律保护。全社会应当尊重护士。

第四条　国务院有关部门、县级以上地方人民政府及其有关部门以及乡（镇）人民政府应当采取措施，改善护士的工作条件，保障护士待遇，加强护士队伍建设，促进护理事业健康发展。国务院有关部门和县级以上地方人民政府应当采取措施，鼓励护士到农村、基层医疗卫生机构工作。

第五条　国务院卫生主管部门负责全国的护士监督管理工作。县级以上地方人民政府卫生主管部门负责本行政区域的护士监督管理工作。

第六条　国务院有关部门对在护理工作中做出杰出贡献的护士，应当授予全国卫生系统先进工作者荣誉称号或者颁发白求恩奖章，受到表彰、奖励的护士享受省部级劳动模范、先进工作者待遇；对长期从事护理工作的护士应当颁发荣誉证书。具体办法由国务院有关部门制定。

县级以上地方人民政府及其有关部门对本行政区域内做出突出贡献的护士，按照省、自治区、直辖市人民政府的有关规定给予表彰、奖励。

第二章　执业注册

第七条　护士执业，应当经执业注册取得护士执业证书。

申请护士执业注册，应当具备下列条件：

（一）具有完全民事行为能力；

（二）在中等职业学校、高等学校完成国务院教育主管部门和国务院卫生主管部门规定的普通全日制 3 年以上的护理、助产专业课程学习，包括在教学、综合医院完成 8 个月以上护理临床实习，并取得相应学历证书；

（三）通过国务院卫生主管部门组织的护士执业资格考试；

（四）符合国务院卫生主管部门规定的健康标准。

护士执业注册申请，应当自通过护士执业资格考试之日起 3 年内提出；逾期提出申请的，除应当具备前款第（一）项、第（二）项和第（四）项规定条件外，还应当在符合国务院卫生主管部门规定条件的医疗卫生机构接受 3 个月临床护理培训并考核合格。护士执业资格考试办法由国务院卫生主管部门会同国务院人事部门制定。

第八条　申请护士执业注册的，应当向批准设立拟执业医疗机构或者为该医疗机构备案的卫生主管部门提出申请。收到申请的卫生主管部门应当自收到申请之日起 20 个工作日内做出决定，对具备本条例规定条件的，准予注册，并发给护士执业证书；对不具备本条例规定条件的，不予注册，并书面说明理由。

护士执业注册有效期为 5 年。

第九条　护士在其执业注册有效期内变更执业地点的，应当向批准设立拟执业医疗机构或者为该医疗机构备案的卫生主管部门报告。收到报告的卫生主管部门应当自收到报告之日起 7 个工作日内为其办理变更手续。护士跨省、自治区、直辖市变更执业地点的，收到报告的卫生主管部门还应当向其原注册部门通报。

第十条　护士执业注册有效期届满需要继续执业的，应当在护士执业注册有效期届满前 30 日向批准设立执业医疗机构或者为该医疗机构备案的卫生主管部门申请延续注册。收到申请的卫生主管部门对具备本条例规定条件的，准予延续，延续执业注册有效期为 5 年；对不具备本条例规定条件的，不予延续，并书面说明理由。

护士有行政许可法规定的应当予以注销执业注册情形的，原注册部门应当依照行政许可法的规定注销其执业注册。

第十一条　县级以上地方人民政府卫生主管部门应当建立本行政区域的护士执业良好记录和不良记录，并将该记录记入护士执业信息系统。

护士执业良好记录包括护士受到的表彰、奖励以及完成政府指令性任务的情况等内容。护士执业不良记录包括护士因违反本条例以及其他卫生管理法律、法规、规章或者诊疗技术规范的规定受到行政处罚、处分的情况等内容。

第三章　权利和义务

第十二条　护士执业，有按照国家有关规定获取工资报酬、享受福利待遇、参加社会保险的权利。任何单位或者个人不得克扣护士工资，降低或者取消护士福利等待遇。

第十三条　护士执业，有获得与其所从事的护理工作相适应的卫生防护、医疗保健服务的权利。从事直接接触有毒有害物质、有感染传染病危险工作的护士，有依照有关法律、行政法规的规定接受职业健康监护的权利；患职业病的，有依照有关法律、行政法规的规定获得赔偿的权利。

第十四条　护士有按照国家有关规定获得与本人业务能力和学术水平相应的专业技术职务、职称的权利；有参加专业培训、从事学术研究和交流、参加行业协会和专业学术团体的权利。

第十五条　护士有获得疾病诊疗、护理相关信息的权利和其他与履行护理职责相关的权利，可以对医疗卫生机构和卫生主管部门的工作提出意见和建议。

第十六条　护士执业，应当遵守法律、法规、规章和诊疗技术规范的规定。

第十七条　护士在执业活动中，发现患者病情危急，应当立即通知医师；在紧急情况下为抢救垂危患者生命，应当先行实施必要的紧急救护。

护士发现医嘱违反法律、法规、规章或者诊疗技术规范规定的，应当及时向开具医嘱的医师提出；必要时，应当向该医师所在科室的负责人或者医疗卫生机构负责医疗服务管理的人员报告。

第十八条　护士应当尊重、关心、爱护患者，保护患者的隐私。

第十九条　护士有义务参与公共卫生和疾病预防控制工作。发生自然灾害、公共卫生事件等严重威胁公众生命健康的突发事件，护士应当服从县级以上人民政府卫生主管部门或者所在医疗卫生机构的安排，参加医疗救护。

第四章　医疗卫生机构的职责

第二十条　医疗卫生机构配备护士的数量不得低于国务院卫生主管部门规定的护士配备标准。

第二十一条　医疗卫生机构不得允许下列人员在本机构从事诊疗技术规范规定的护理活动：

（一）未取得护士执业证书的人员；

（二）未依照本条例第九条的规定办理执业地点变更手续的护士；

（三）护士执业注册有效期届满未延续执业注册的护士。

在教学、综合医院进行护理临床实习的人员应当在护士指导下开展有关工作。

第二十二条　医疗卫生机构应当为护士提供卫生防护用品，并采取有效的卫生防护措施和医疗保健措施。

第二十三条　医疗卫生机构应当执行国家有关工资、福利待遇等规定，按照国家有关规定为在本机构从事护理工作的护士足额缴纳社会保险费用，保障护士的合法权益。

对在艰苦边远地区工作，或者从事直接接触有毒有害物质、有感染传染病危险工作的护士，所在医疗卫生机构应当按照国家有关规定给予津贴。

第二十四条　医疗卫生机构应当制定、实施本机构护士在职培训计划，并保证护士接受培训。

护士培训应当注重新知识、新技术的应用；根据临床专科护理发展和专科护理岗位的需要，开展对护士的专科护理培训。

第二十五条　医疗卫生机构应当按照国务院卫生主管部门的规定，设置专门机构或者配备专（兼）职人员负责护理管理工作。

第二十六条　医疗卫生机构应当建立护士岗位责任制并进行监督检查。

护士因不履行职责或者违反职业道德受到投诉的，其所在医疗卫生机构应当进行调查。经查证属实的，医疗卫生机构应当对护士做出处理，并将调查处理情况告知投诉人。

第五章　法律责任

第二十七条　卫生主管部门的工作人员未依照本条例规定履行职责，在护士监督管理工作中滥用职权、徇私舞弊，或者有其他失职、渎职行为的，依法给予处分；构成犯罪的，依法追究刑事责任。

第二十八条　医疗卫生机构有下列情形之一的，由县级以上地方人民政府卫生主管部门依据职责分工责令限期改正，给予警告；逾期不改正的，根据国务院卫生主管部门规定的护士配备标准和在医疗卫生机构合法执业的护士数量核减其诊疗科目，或者暂停其6个月以上1年以下执业活动；国家举办的医疗卫生机构有下列情形之一、情节严重的，还应当对负有责任的主管人员和其他直接责任人员依法给予处分：

（一）违反本条例规定，护士的配备数量低于国务院卫生主管部门规定的护士配备标准的；

（二）允许未取得护士执业证书的人员或者允许未依照本条例规定办理执业地点变更手续、延续执业注册有效期的护士在本机构从事诊疗技术规范规定的护理活动的。

第二十九条　医疗卫生机构有下列情形之一的，依照有关法律、行政法规的规定给予处罚；国家举办的医疗卫生机构有下列情形之一、情节严重的，还应当对负有责任的主管人员和其他直接责任人员依法给予处分：

（一）未执行国家有关工资、福利待遇等规定的；

（二）对在本机构从事护理工作的护士，未按照国家有关规定足额缴纳社会保险费用的；

（三）未为护士提供卫生防护用品，或者未采取有效的卫生防护措施、医疗保健措施的；

（四）对在艰苦边远地区工作，或者从事直接接触有毒有害物质、有感染传染病危险工作的护士，未按照国家有关规定给予津贴的。

第三十条　医疗卫生机构有下列情形之一的，由县级以上地方人民政府卫生主管部门依据职责分工责令限期改正，给予警告：

（一）未制定、实施本机构护士在职培训计划或者未保证护士接受培训的；

（二）未依照本条例规定履行护士管理职责的。

第三十一条　护士在执业活动中有下列情形之一的，由县级以上地方人民政府卫生主管部门依据职责分工责令改正，给予警告；情节严重的，暂停其6个月以上1年以下执业活动，直至由原发证部门吊销其护士执业证书：

（一）发现患者病情危急未立即通知医师的；

（二）发现医嘱违反法律、法规、规章或者诊疗技术规范的规定，未依照本条例第十七条的规定提出或者报告的；

（三）泄露患者隐私的；

（四）发生自然灾害、公共卫生事件等严重威胁公众生命健康的突发事件，不服从安排参加医疗救护的。

护士在执业活动中造成医疗事故的，依照医疗事故处理的有关规定承担法律责任。

第三十二条　护士被吊销执业证书的，自执业证书被吊销之日起 2 年内不得申请执业注册。

第三十三条　扰乱医疗秩序，阻碍护士依法开展执业活动，侮辱、威胁、殴打护士，或者有其他侵犯护士合法权益行为的，由公安机关依照治安管理处罚法的规定给予处罚；构成犯罪的，依法追究刑事责任。

第六章　附　则

第三十四条　本条例施行前按照国家有关规定已经取得护士执业证书或者护理专业技术职称、从事护理活动的人员，经执业地省、自治区、直辖市人民政府卫生主管部门审核合格，换领护士执业证书。

本条例施行前，尚未达到护士配备标准的医疗卫生机构，应当按照国务院卫生主管部门规定的实施步骤，自本条例施行之日起 3 年内达到护士配备标准。

第三十五条　本条例自 2008 年 5 月 12 日起施行。

中英文专业词汇索引

W

X

Y

Z

参考文献

［1］冯先琼．护理学导论．2 版．北京：人民卫生出版社，2006.

［2］李小妹，冯先琼．护理学导论．4 版．北京：人民卫生出版社，2019.

［3］钟响玲．护理学导论．南京：南京大学出版社，2014.

［4］姜安丽．新编护理学基础．北京：人民卫生出版社，2012.

［5］宋思源，罗仕蓉．护理学导论．北京：中国医药科技出版社，2018.

［6］唐布敏，白永琪．护理学导论．南京：南京大学出版社，2017.

［7］王瑞敏．护理学导论．北京：人民卫生出版社，2011.

［8］李小妹．护理学导论．2 版．北京：人民卫生出版社，2010.

［9］梁银辉，何国平，李映兰．护理文化的内容及建设．中国护理管理，2004，4（3）：44-46.

［10］马国平．护理学导论．北京：人民卫生出版社，2016.

［11］李晓松．护理学导论．北京：人民卫生出版社，2018.

［12］钟一岳，彭刚艺，岳利群，等．我国对北美护理诊断分类系统相关研究的文献计量学分析．现代临床护理，2019，18（11）：68-73.

［13］杨玉娥，熊畅，杨雪晴，等．奥兰多护理程序理论概述．当代护士，2020，27（20）：179-180.

［14］全国人民代表大会．医疗卫生事业发展与我国宪法．